ENCYCLOPÉDIE
DES
TRAVAUX PUBLICS
Fondée par M.-C. LECHALAS, Inspr génal des Ponts et Chaussées

PRÉCIS

D'ÉLECTRICITÉ

PAR

PAUL NIEWENGLOWSKI
Ingénieur au Corps des Mines

PARIS
GAUTHIER-VILLARS, IMPRIMEUR-LIBRAIRE
DU BUREAU DES LONGITUDES, DE L'ÉCOLE POLYTECHNIQUE, ETC.
55, quai des Grands-Augustins

ENCYCLOPÉDIE DES TRAVAUX PUBLICS

Directeur : G. LECHALAS, Ingénieur en chef des Ponts et Chaussées, quai de la Bourse 13, Rouen.

Volumes grand in-8°, avec de nombreuses figures.

Médaille d'or à l'Exposition universelle de 1889

Exposition de 1900 (Voir pages 3 et 4 de la couverture)

OUVRAGES DE PROFESSEURS A L'ÉCOLE DES PONTS ET CHAUSSÉES

M. Bechmann. *Distributions d'eau et Assainissement.* 2e édit., 2 vol. à 20 fr., 40 fr. — *Cours d'hydraulique agricole et urbaine*, 1 vol. . . . . 20 fr.

M. Bricka. *Cours de chemins de fer de l'Ecole des ponts et chaussées.* 2 vol., 1343 pages et 464 figures . . . . 40 fr.

M. Colson. *Cours d'économie politique* : Tome I, 10 fr. — Tome II, 10 fr. — Tome III, 1re partie . . . . 6 fr.

M. L. Durand-Claye. *Chimie appliquée à l'art de l'ingénieur*, en collaboration avec *MM. Derôme* et *Feret*, 2e édit. considérablement augmentée, 15 fr. — *Cours de routes de l'Ecole des ponts et chaussées*, 606 pages et 234 figures, 2e édit., 20 fr. — *Lever des plans et nivellement*, en collaboration avec *MM. Pelletan* et *Lallemand*. 1 vol., 703 pages et 280 figures (cours des Ecoles des ponts et chaussées et des mines, etc.) . . . . . . 25 fr.

M. Flamant. *Mécanique générale* (*Cours de l'Ecole centrale*), 1 vol. de 544 pages, avec 203 figures, 20 fr. — *Stabilité des constructions et résistance des matériaux.* 2e édit., 670 pages, avec 270 figures, 25 fr. — *Hydraulique* (*Cours de l'Ecole des ponts et chaussées*), 1 vol., 2e éd. considérablement augmentée (Prix Montyon de mécanique) ; XXX, 685 pages avec 130 figures . . . . 25 fr.

M. Gariel. *Traité de physique.* 2 vol., 448 figures. . . . . 20 fr.

M. Hirsch. *Cours de machines à vapeur et locomotives.* 1 vol. 510 pages, 314 fig . 18 fr.

M. F. Laroche. *Travaux maritimes.* 1 vol. de 490 pages, avec 116 figures et un atlas de 46 grandes planches, 40 fr. — *Ports maritimes.* 2 vol. de 1006 pages, avec 524 figures et 2 atlas de 37 planches, double in-4° (*Cours de l'Ecole des ponts et chaussées*) . . 50 fr.

M. F. B. de Mas, Inspecteur général des ponts et chaussées. *Rivières à courant libre*, 1 vol. avec 97 figures ou planches, 17 fr. 50. — *Rivières canalisées.* 1 vol. avec 176 figures ou planches, 17 fr. 50. — *Canaux*, 1 vol. avec 190 figures ou planches. . . . 17 fr. 50

M. Nivoit, Inspecteur général des mines : *Cours de géologie*, 2e édition, 1 vol. avec carte géologique de la France ; 615 pages, 429 fig. et un tableau des formations géologiques de 7 pages . . . . 20 fr.

M. M. d'Ocagne. *Géométrie descriptive et Géométrie infinitésimale* (cours de l'École des ponts et chaussées), 1 vol., 340 fig. . . . . 12 fr.

M. de Préaudeau, Inspect. général des P.-et-Ch., prof. à l'École nat. *Procédés généraux de construction. Travaux d'art.* Tome I, avec 508 fig. 20 fr. Tome II, avec 389 fig. 20 fr.

M. J. Résal. *Traité des Ponts en maçonnerie*, en collaboration avec *M. Degrand.* 2 vol., avec 600 figures, 40 fr. — *Traité des Ponts métalliques* 2 vol., avec 500 figures, 40 fr. — *Constructions métalliques, élasticité et résistance des matériaux : fonte, fer et acier.* 1 vol. de 652 pages, avec 203 figures, 20 fr. — Le 1er volume des *Ponts métalliques* est à sa seconde édition (revue, corrigée et très augmentée) — *Cours de ponts*, professé à l'Ecole des ponts et chaussées, 1 vol. de 410 pages, avec 284 figures (*Etudes générales et ponts en maçonnerie*), 14 fr. — *Cours de Résistance des matériaux* (Ecole des ponts et chaussées), 120 figures., 16 fr. — *Cours de stabilité des constructions*, 240 figures, 20 fr. — *Poussée des terres et stabilité des murs de soutènement* . . . . 10 fr.

OUVRAGES DE PROFESSEURS A L'ÉCOLE CENTRALE DES ARTS ET MANUFACTURES

M. Deharme. *Chemins de fer. Superstructure* ; première partie du cours de chemins de fer de l'Ecole centrale. 1 vol. de 696 pages, avec 310 figures et 1 atlas de 73 grandes planches in-4° doubles (voir *Encyclopédie industrielle* pour la suite de ce cours). 50 fr. On vend séparément : *Texte*, 15 fr.; *Atlas*, 35 fr.

M. Denfer. *Architecture et constructions civiles.* Cours d'architecture de l'Ecole centrale : *Maçonnerie.* 2 vol., avec 794 figures, 40 fr. — *Charpente en bois et menuiserie.* 1 vol., avec 680 figures, 25 fr. — *Couverture des édifices* 1 vol., avec 423 figures, 20 fr. — *Charpenterie métallique, menuiserie en fer et serrurerie* 2 vol., avec 1.050 figures, 40 fr. — *Fumisterie* (*Chauffage et ventilation*). 1 vol. de 726 pages, avec 731 figures (numérotées de 1 à 375, l'auteur affectant chaque groupe de figures d'un numéro seulement). 25 fr. *Plomberie : Eau ; Assainissement ; Gaz*, 1 vol. de 568 p. avec 391 fig. . . . 20 fr.

M. Dorion. *Cours d'Exploitation des mines.* 1 vol. de 692 pages, avec 1.100 figures. 25 fr.

M. Monnier. *Electricité industrielle*, cours professé à l'Ecole centrale, 2e édition considérablement augmentée, 1 vol. de 826 pages ; 404 très belles figures de l'auteur. . 25 fr.

M. Mel Pelletier. *Droit industriel*, cours professé à l'Ecole centrale 1 vol. . . . 15 fr.

MM. E. Rouché et Brisse, anciens professeurs de géométrie descriptive à l'Ecole centrale. *Coupe des pierres.* 1 vol. et un grand atlas (avec de nombreux exemples). . . 25 fr.

OUVRAGES D'UN PROFESSEUR AU CONSERVATOIRE DES ARTS ET MÉTIERS

M. E. Rouché, membre de l'Institut. *Eléments de statique graphique.* 1 vol. . . 12 fr. 50

MM. Rouché et Lucien Lévy. *Calcul infinitésimal*, 2 vol. de 557 et 829 p. (*Enc. indust.*) 15 fr.

(*Voir la suite ci-après*)

PRÉCIS D'ÉLECTRICITÉ

Tous les exemplaires de l'ouvrage PRÉCIS D'ÉLECTRICITÉ *devront être revêtus de la signature du Directeur de l'Encyclopédie des Travaux publics.*

G. Lechalas

ENCYCLOPÉDIE
DES
TRAVAUX PUBLICS
Fondée par **M.-C. LECHALAS**, Inspr génal des Ponts et Chaussées

PRÉCIS D'ÉLECTRICITÉ

PAR

PAUL NIEWENGLOWSKI
Ingénieur au Corps des Mines

PARIS
GAUTHIER-VILLARS, IMPRIMEUR-LIBRAIRE
DU BUREAU DES LONGITUDES, DE L'ÉCOLE POLYTECHNIQUE, ETC.
55, quai des Grands-Augustins

1906

PRÉFACE

Cet ouvrage, qui est un résumé des phénomènes les plus connus de l'électricité, se divise en deux parties. Dans la première, nous faisons connaître les lois fondamentales et les expériences qui servent à les établir. Dans la seconde, nous indiquons quelques conséquences qu'on peut en déduire par le calcul, et nous donnons un aperçu des principales théories. Pour plus de simplicité, nous avons élagué beaucoup de faits d'importance secondaire et de détails qui font parfois perdre de vue l'enchaînement des idées.

Dans la première partie, nous avons cherché à montrer ce qu'une expérience peut nous apprendre de nouveau, et à bien séparer ce qu'on admet de ce qu'on démontre. Nous nous sommes attaché, autant que possible, à donner pour les différentes grandeurs des définitions expérimentales, qui font connaître en même temps un moyen de les mesurer. Ainsi, nous avons préféré définir le champ magnétique sans supposer l'existence de pôles isolés, et la charge électrique sans nous servir de la conception des deux fluides. Nous avons aussi pensé qu'il y a parfois des inconvénients à donner des définitions dépendant d'un système particulier d'unités. Par exemple, on comprend moins bien quelles sont les dimensions d'homogénéité du pouvoir inducteur spécifique dans un système quelconque, lorsqu'on le définit comme un rapport dans un système particulier.

Nous débutons par les courants, car cette étude est la plus facile, et permet de mieux comprendre l'électricité statique. Nous avons peu insisté sur le magnétisme, dont l'étude est difficile et encore si peu avancée. Dans l'électrostatique, il nous a paru plus rationnel de commencer par définir et mesurer l'énergie des corps électrisés, pour en déduire ensuite la notion de potentiel. Quelques méthodes de mesure, employées dans l'industrie, sont l'objet d'un chapitre spécial. Nous terminons par l'étude de l'homogénéité et des différents systèmes d'unités ; et c'est en montrant les relations qui existent entre les constantes d'un même système que nous rencontrons la première analogie entre les phénomènes électriques et lumineux. Chaque chapitre se termine par un résumé, où nous indiquons brièvement les applications pratiques.

Dans la seconde partie, nous exposons différentes hypothèses, qui servent à coordonner les faits déjà étudiés, et nous donnons des exemples de calcul qui se rencontrent dans les applications. Après un court chapitre sur les analogies et les comparaisons en électricité, nous indiquons les principales définitions relatives aux courants alternatifs, et nous étudions sommairement la théorie mécanique de l'induction, qui traite les courants électriques comme des systèmes matériels à liaisons, puis la décharge oscillante des condensateurs et la propagation de l'électricité dans les lignes ayant de la capacité. Enfin, nous indiquons les points fondamentaux de la théorie de Maxwell, et nous disons quelques mots sur les oscillations hertziennes, la télégraphie sans fil et la théorie des électrons.

Nous espérons que ce modeste ouvrage permettra au lecteur de se mettre rapidement au courant des phénomènes fondamentaux de l'électricité, qu'il approfondira dans des traités plus complets.

P. NIEWENGLOWSKI.

PREMIÈRE PARTIE

LOIS ET EXPÉRIENCES

CHAPITRE PREMIER

COURANTS ÉLECTRIQUES

§ 1. Energie. — § 2. Courants électriques. — § 3. Force électromotrice. — § 4. Lois de Kirchhoff. — § 5. Résumé et applications.

§ 1. ÉNERGIE

1. Définition de l'énergie. — Lorsque un corps acquiert une quantité de chaleur Q, que les forces extérieures lui fournissent un travail $\mathfrak{T}_e$, et que sa force vive varie pendant ce temps de $\frac{1}{2}\Delta\Sigma mv^2$, on dit que l'*énergie* U de ce corps a varié d'une quantité ΔU ; et l'on a, par définition :

$$\Delta U = JQ + \mathfrak{T}_e - \frac{1}{2}\Delta\Sigma mv^2.$$

Dans cette expression, la lettre J représente l'équivalent mécanique de la chaleur. Les quantités de chaleur et de travail Q et $\mathfrak{T}_e$ sont positives si elles sont fournies au corps, et négatives si elles sont produites par lui.

Les lois de la mécanique enseignent que, en désignant par $\mathfrak{T}_i$ le travail des forces intérieures d'un système et par $\mathfrak{T}_e$ le travail des forces extérieures, on a la relation

$$\mathfrak{T}_e + \mathfrak{T}_i = \frac{1}{2}\Delta\Sigma mv^2.$$

On pourra donc écrire :

$$\Delta U = JQ - \mathfrak{T}_i.$$

dégagera dans l'éprouvette où aboutit le fil F, de l'hydrogène dans l'autre. Un semblable dispositif se nomme un *voltamètre*, l'extrémité du fil F, *anode*, celle du fil F', *cathode*, et le liquide décomposé, un *électrolyte*.

On ignore la cause de tous ces phénomènes ; mais on lui a donné un nom. On dit que le circuit de la pile est parcouru par un *courant électrique*.

Dans la pile de Volta, l'acide sulfurique attaque les lames de zinc et de cuivre. C'est pourquoi, d'une façon générale, on nomme *pile* tout dispositif où des *réactions chimiques* peuvent être accompagnées de courants électriques. Mais il existe aussi d'autres sortes de piles, comme nous le verrons dans l'étude des phénomènes thermoélectriques.

Les corps qui peuvent être parcourus par des courants électriques sont dits *bons conducteurs*, les autres *mauvais conducteurs* ou *isolants*. Parmi les bons conducteurs nous citerons les métaux, le sol, les dissolutions salines, le corps des animaux ; parmi les mauvais, les gaz secs, la paraffine, la soie, le verre.

5. Loi de Faraday. — Si nous remplaçons l'eau du voltamètre par un sel en dissolution, le sel sera décomposé, et le métal se déplacera dans le même sens que l'hydrogène : il se déposera sur la cathode.

Faraday a découvert que *le nombre des valences rompues est le même dans tous les électrolytes d'un même circuit.*

Il résulte de cette loi que, si un courant traverse successivement plusieurs électrolytes, des dissolutions de AgCl, de $AuCl^3$, de SO^4Fe, de $(SO^4)^3Fe^2$ par exemple, il se déposera sur chaque cathode des poids de métal respectivement proportionnels à Ag, $\frac{Au}{3}$, $\frac{Fe}{2}$, $\frac{Fe}{3}$, puisque Ag est monovalent, Au trivalent, Fe divalent dans SO^4Fe, trivalent dans $(SO^4)^3Fe^2$.

6. Définition de l'intensité. — Quand deux courants sont capables de décomposer dans un voltamètre les mêmes quantités d'électrolytes dans le même temps, on dit qu'ils ont même intensité.

On prend pour unité l'intensité d'un courant qui met en liberté 0,001118 grammes d'argent par seconde dans l'électrolyse du chlorure d'argent. Cette unité se nomme l'*ampère*.

Ajoutons que l'on attribue un *sens* au courant. On dit qu'il se dirige dans le circuit extérieur FF′ du pôle positif au pôle négatif, et qu'il traverse l'électrolyte en allant de l'anode à la cathode. On dit aussi que le courant *se ferme* à travers la pile, qu'il parcourt du pôle négatif au pôle positif.

7. Quantité d'électricité. — Quand un courant d'intensité i passe pendant le temps t dans un conducteur, on dit qu'il débite une *quantité d'électricité*

$$q = it.$$

Il ne faut voir là qu'une simple façon de parler.

L'unité de quantité se nomme le *coulomb* : c'est la quantité que débite, en une seconde, un courant d'un ampère.

Cette définition suppose l'intensité constante. Si elle varie, en appelant i sa valeur pendant le temps très court dt, la quantité d'électricité débitée pendant ce temps sera $dq = idt$, et pendant le temps τ,

$$q = \int_0^\tau idt,$$

8. Résistance. Loi de Joule. — L'expérience montre que, si un courant d'intensité i passe dans un conducteur pendant un temps t, le conducteur s'échauffe : et la quantité de chaleur Q qu'il reçoit est proportionnelle au produit i^2t. On peut donc poser, en désignant toujours par J l'équivalent mécanique de la chaleur et par R un facteur constant, caractéristique du conducteur, et que l'on nomme sa *résistance* :

$$JQ = Ri^2t.$$

9. Addition des résistances. — Plaçons bout à bout deux conducteurs de résistances R_1 et R_2. Nous pourrons considérer la résistance R du système ainsi formé. Ce sera le quotient de la quantité de chaleur Q fournie aux deux conducteurs, par le produit $\frac{1}{J}$ i^2t. On aura donc :

$$R = \frac{JQ}{i^2t}.$$

Mais la chaleur totale Q est la somme des quantités de chaleur $\frac{1}{J}R_1i^2t$ et $\frac{1}{J}R_2i^2t$ fournies à chacun des conducteurs. On a donc :

$$Q = \frac{1}{J}\left(R_1i^2t + R_2i^2t\right),$$

et on en déduira :

$$R = \frac{R_1i^2t + R_2i^2t}{i^2t} = R_1 + R_2.$$

Ainsi la résistance totale est la somme des résistances partielles.

10. Mesure de la résistance. — Pour mesurer une résistance, on la compare à une résistance connue. Pour cela, on la fait traverser par un courant, et on mesure la quantité de chaleur qu'elle reçoit.

L'unité pratique de résistance se nomme l'*ohm*. C'est la résistance d'un conducteur qui, traversé par un courant d'un ampère, dégage par seconde $\frac{1}{J}$ calories.

Elle équivaut à la résistance, à 0°, d'une colonne de mercure de 1 mm² de section, et de 100,3 centimètres de longueur.

L'expérience montre que la résistance R d'un conducteur est proportionnelle à sa longueur l et inversement proportionnelle à sa section S.

On pourra donc écrire :

$$R = \rho \frac{l}{S}.$$

Le facteur ρ se nomme *résistance spécifique* du conducteur.

§ 3. FORCE ÉLECTROMOTRICE

11. Définition de la force électromotrice. — On nomme force électromotrice d'un circuit le quotient $\frac{\Delta U}{q}$, positif ou négatif, obtenu en divisant l'énergie ΔU mise à sa disposition par la quantité d'électricité $q = it$ qui le traverse.

12. Application à un conducteur immobile. Loi de Ohm. — L'énergie fournie à un circuit a pour expression, d'après la définition même de l'énergie :

$$\Delta U = JQ + \mathfrak{T}_e - \frac{1}{2}\Delta\Sigma mv^2.$$

Si le circuit est immobile, $\mathfrak{T}_e$ et Σmv^2 sont nuls ; et l'on a :

$$\Delta U = JQ = Ri^2t,$$

d'après la loi de Joule, en désignant par R la résistance du circuit, et par i l'intensité du courant qui le traverse pendant le temps t. Il est donc le siège d'une force électromotrice :

$$e = \frac{\Delta U}{q} = \frac{\Delta U}{it} = \frac{Ri^2t}{it} = Ri.$$

Cette loi est due à *Ohm*. Elle montre que l'énergie fournie par la pile au circuit a pour expression :

$$\Delta U = eit.$$

13. Force électromotrice d'une pile. — La force électromotrice qu'une pile est capable de développer dans un circuit dépend de la résistance R du circuit.

L'expérience montre que, si l'on fait varier R, la force électromotrice $e = Ri$, dont le circuit est le siège, varie en même temps, et que les valeurs absolues de e et de i sont liées par la relation linéaire

$$e = E - \lambda i,$$

où E et λ désignent des constantes positives.

Cette relation montre que e a un maximum E. Cette force

le calcul des intensités et des forces électromotrices d'un réseau de conducteurs.

A chaque point de croisement, on appliquera la première loi $\Sigma i = 0$. Puis on décomposera le réseau en circuits fermés de toutes les manières possibles, et l'on écrira pour chacun d'eux : $\Sigma e = \Sigma ri$

L'application de cette deuxième loi donnera des équations qui ne seront pas toutes indépendantes les unes des autres. On aura ainsi écrit trop d'équations ; mais cela vaudra mieux que d'en avoir oublié, et l'on gardera les plus commodes.

Pour faire comprendre l'application de cette méthode, nous en donnerons ultérieurement plusieurs exemples quand nous nous occuperons de la mesure des résistances et des forces électromotrices.

§ 5. RÉSUMÉ ET APPLICATIONS

18. — Il faut retenir de ce qui précède deux choses : le courant électrique décompose les électrolytes et échauffe les conducteurs qu'il traverse. Le premier de ces phénomènes est régi par la loi de Faraday, le second par la loi de Joule.

L'électrolyse permet d'obtenir des dépôts métalliques, adhérents et inaltérables, sur des objets conducteurs que l'on prend comme cathode : c'est le principe de la galvanoplastie. Par voie électrolytique, on peut séparer et affiner certains métaux, et faire d'utiles réactions chimiques, comme la fabrication des hypochlorites.

La chaleur dégagée dans les conducteurs très résistants peut les rendre incandescents ; c'est le principe des lampes électriques.

Quand on fait passer un courant suffisamment intense entre deux baguettes de charbon maintenues à une faible distance, les faces en regard sont portées au rouge blanc et se trouvent reliées par une sorte de flamme ; si les deux charbons sont placés horizontalement, la flamme prend la forme d'un arc : l'*arc voltaïque*. L'arc est utilisé dans l'éclairage et dans les fours électriques où l'on obtient les plus hautes températures.

CHAPITRE II

PHÉNOMÈNES THERMOÉLECTRIQUES

19. Pile thermoélectrique. — Considérons une chaîne formée par un barreau de bismuth B, auquel est soudé, en deux points A et A′, un fil de cuivre C.

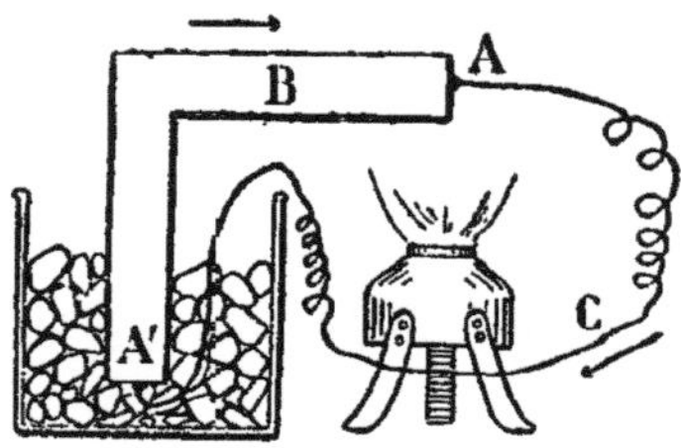

Fig. 4. — Pile thermoélectrique.

L'expérience montre que, si les deux soudures sont maintenues à des températures différentes, le circuit est traversé par un courant.

Un semblable dispositif se nomme une *pile thermoélectrique*. Dans la figure ci-contre, la soudure A est chauffée par une lampe, la soudure A′ refroidie dans la glace.

20. Loi de la chaîne. — Formons un circuit avec une chaîne de métaux différents.

Si tous les points de contact des métaux entre eux sont à la même température, on ne constate aucun courant. Donc *la somme algébrique des forces électromotrices de contact d'une chaîne fermée, à température uniforme, est nulle.*

Cette loi, nommée *loi de la chaîne*, s'applique aussi au contact des métaux et des liquides *toutes les fois qu'il n'y a pas réaction chimique*. Ainsi, il ne faudra pas appliquer la loi de la chaîne au circuit d'une pile de Volta, dont l'énergie est empruntée à une réaction chimique.

On désigne la force électromotrice de contact entre deux métaux A et B, dirigée dans le sens de A vers B à travers la soudure, par la notation A | B.

Si l'on considère trois métaux O, A, B à température uniforme, et soudés de manière à former un circuit, la loi de la chaîne donnera :

$$O \mid A + A \mid B + B \mid O = 0.$$

D'où l'on tire :

$$A \mid B = O \mid B - O \mid A.$$

Cette formule, qui rappelle celle de l'addition des vecteurs en géométrie, est commode pour comparer les forces électromotrices de contact de plusieurs métaux pris deux à deux.

21. Variation de la force électromotrice de contact avec la température. — Quand la température de la soudure varie, la force électromotrice A | B est une fonction de la température, qu'on peut représenter approximativement, dans les limites des expériences, par une expression de la forme :

$$A \mid B = a + bt + ct^2,$$

où a, b, c désignent des constantes et t la température.

Dans un circuit formé de deux métaux A et B, on aura, pour la soudure à la température t_1 :

$$(A \mid B)_1 = a + bt_1 + ct_1^2,$$

et pour la soudure à la température t_2 :

$$(B \mid A)_2 = -(a + bt_2 + ct_2^2).$$

D'où l'on tire, pour la force électromotrice totale E,

$$E = (A \mid B)_1 + (B \mid A)_2 = (t_1 - t_2)\,[b + c(t_1 + t_2)]$$

ou, en posant $-\frac{b}{2c} = t_0$,

$$E = 2c\,(t_1 - t_2)\left[\frac{t_1 + t_2}{2} - t_0\right].$$

Cette formule montre que la force électromotrice E est

nulle si les soudures sont à la même température, ou bien si les températures t_1 et t_2 sont également éloignées de la température intermédiaire $t_0 = -\frac{b}{2c}$, que l'on nomme *température neutre.*

22. Applications. — Les phénomènes thermoélectriques sont utilisés en thermométrie. Ils servent à repérer les différences de température les plus faibles (bolomètres) et les plus fortes (pyromètres). Les piles thermoélectriques peuvent affecter les formes les plus variées, comme celle d'une longue aiguille par exemple, ce qui permet de les introduire là où ne pénétrerait pas un thermomètre ordinaire.

CHAPITRE III

ÉLECTROMAGNÉTISME

§ 1. Champ magnétique. — § 2. Action des courants sur les aimants. — § 3. Action des champs magnétiques sur les courants. — § 4. Action des courants sur les courants. — § 5. Flux. — § 6. Résumé et applications.

§ 1. CHAMP MAGNÉTIQUE

23. Définition du champ magnétique. — On sait que, si l'on approche d'un aimant ou d'un courant une aiguille aimantée suspendue à un fil fin par son centre de gravité, elle prend une certaine direction. Quand on la fait tourner d'un angle θ, elle tend à reprendre sa position primitive : elle est sollicitée par un couple C, qu'on peut mesurer en l'équilibrant par le couple de torsion du fil de suspension. L'expérience montre que le couple C est proportionnel à sin θ. On a donc :

$$C = K \sin\theta,$$

en désignant par K un couple constant.

Le lieu de l'espace où se manifestent des phénomènes d'orientation sur l'aiguille aimantée se nomme un *champ magnétique*. Un champ est caractérisé en chaque point par la direction que prend une aiguille aimantée connue, pouvant osciller librement autour de son centre de gravité supposé placé en ce point, et par le couple K qui lui correspond. On comparera deux champs magnétiques en se servant de la même aiguille aimantée.

On sait que, loin de tout aimant et de tout courant, l'aiguille aimantée garde une direction invariable, qui va du sud au nord, et qu'elle présente toujours la même pointe vers le nord : on en conclut l'existence du *champ magnétique terrestre.*

24. Représentation d'un champ magnétique. — On représente un champ magnétique en un point A par un vecteur H, parallèle à l'aiguille aimantée dont le centre est en A, et se dirigeant vers la pointe nord de l'aiguille : la longueur de ce vecteur est proportionnelle au nombre K, qui mesure le couple correspondant à une aiguille aimantée connue (n° **23**). On dit que le champ est d'autant plus *intense* que le nombre K est plus grand.

25. Spectre magnétique. — Lorsqu'on place sur un aimant ou près d'un courant une feuille de papier saupoudrée de limaille de fer, et qu'on secoue légèrement le papier, les

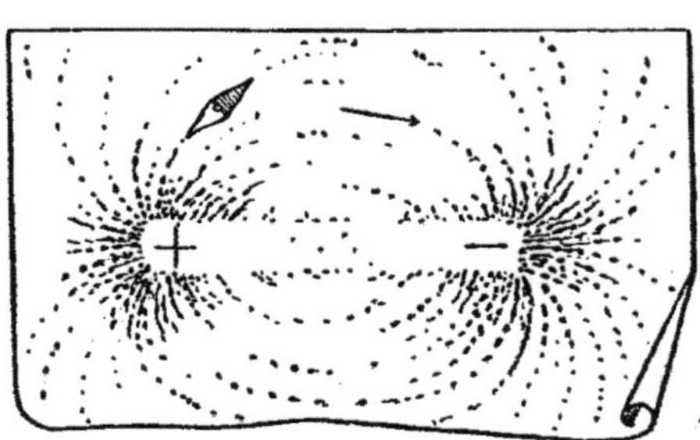

Fig. 5. — Spectre d'un aimant allongé.

grains de limaille se déplacent, et s'orientent de façon à dessiner des lignes dont la forme varie avec le champ. Ces lignes se nomment : *lignes de force du champ* ; et l'on remarque qu'une petite boussole, placée dans un champ magnétique, s'oriente tangentiellement à ces lignes. D'une manière plus précise, les *lignes de force sont des lignes idéales, tangentes en chacun de leurs points au vecteur qui représente le champ.* Le spectre magnétique permet de les matérialiser en quelque sorte, et les représente fidèlement quand la direction du champ est en chaque point de la limaille parallèle au plan de la feuille de papier.

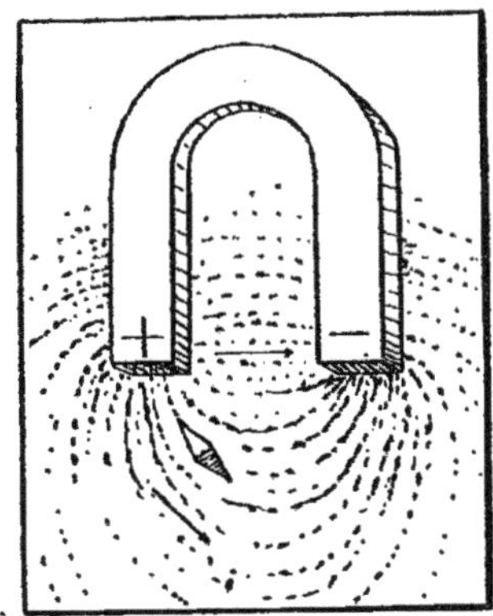

Fig. 6. — Spectre d'un aimant en fer à cheval.

L'expérience montre que les lignes de force se resserrent aux points où le champ est plus intense.

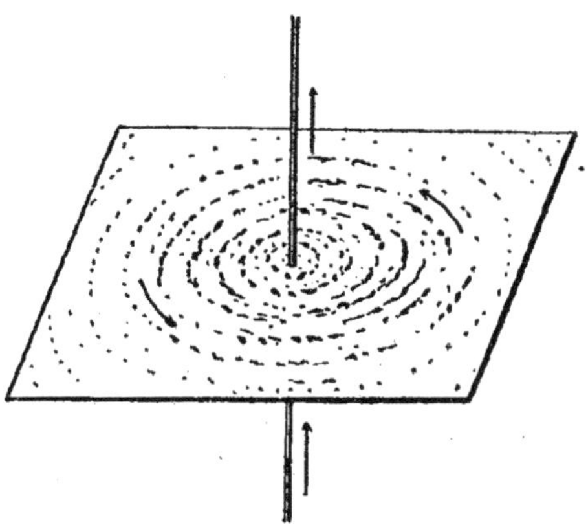

Fig. 7. — Spectre d'un courant rectiligne.

Les figures 5, 6, 7 et 8 donnent des exemples de spectres magnétiques. Les figures 5 et 6 représentent les spectres d'aimants rectiligne et en fer à cheval. La figure 7 montre que les lignes de force dues à un courant rectiligne sont des cercles concentriques, ayant le courant pour axe. Enfin la figure 8

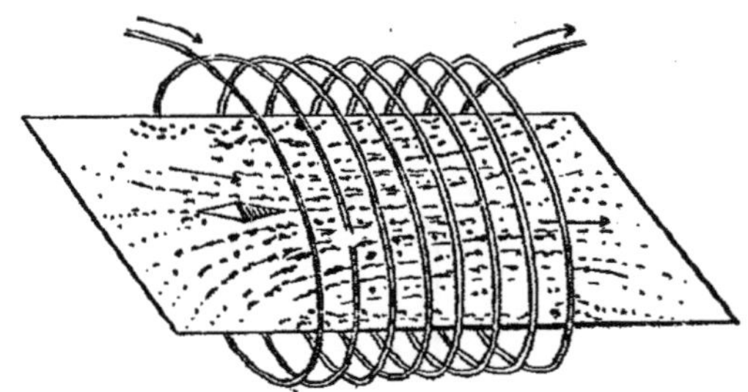

Fig. 8. — Spectre d'un courant en forme de spirale.

montre que, à l'intérieur d'une spirale parcourue par un courant, les lignes de forces sont sensiblement parallèles.

26. Mesure d'un champ magnétique. — Pour mesurer le couple qui sollicite une aiguille aimantée placée dans un champ horizontal, il est commode de suspendre l'aiguille par son centre de gravité à un fil fin, et de la faire osciller. En mesurant la durée T d'une oscillation, on aura la valeur du couple cherché.

En effet, soit θ l'angle dont l'aiguille est déviée, à l'instant t, de sa position d'équilibre. Nous avons vu (n° 23) que le couple C qui la sollicite peut s'écrire

$$C = K \sin \theta,$$

en désignant par K un couple constant.

Supposons les angles θ assez petits pour qu'on puisse légitimement confondre les sinus et les arcs. L'équation du mouvement sera :

$$\frac{d^2\theta}{dt^2} \Sigma mr^2 + K\theta = 0,$$

en représentant par Σmr^2 le moment d'inertie de l'aiguille par rapport à l'axe de rotation qui n'est autre que le fil de suspension.

L'intégration de cette équation linéaire à coefficients constants montre que la durée T d'une oscillation est donnée par la formule

$$T = 2\pi \sqrt{\frac{\Sigma mr^2}{K}}.$$

Donc, en mesurant T, on connaîtra le couple K, qui est, par définition, proportionnel au champ.

Cette méthode permet de mesurer un champ horizontal, ou la composante horizontale d'un champ de direction quelconque : on pourra en déduire le champ lui-même, si l'on connaît sa direction.

On a fait de nombreuses expériences relatives à l'exploration des champs magnétiques, et il en est résulté la conclusion suivante :

Si en un point de l'espace une aiguille aimantée est soumise à l'action simultanée de plusieurs champs, *chacun d'eux agit comme s'il était seul*; et le vecteur qui représente le champ résultant s'obtient en faisant la somme géométrique des vecteurs représentant les champs partiels. On compose les champs magnétiques comme les forces en mécanique.

§ 2. ACTION DES COURANTS SUR LES AIMANTS

27. Expériences de Biot et Savart. — Biot et Savart ont cherché, par la méthode que nous venons d'exposer, quel était le champ produit en un point O par un courant vertical MAN, placé à une distance r du point O. Le courant MAN est supposé très long, mais, bien entendu, il se ferme suivant un circuit quelconque NPM supposé assez éloigné pour que son action sur le champ au point O soit négligeable.

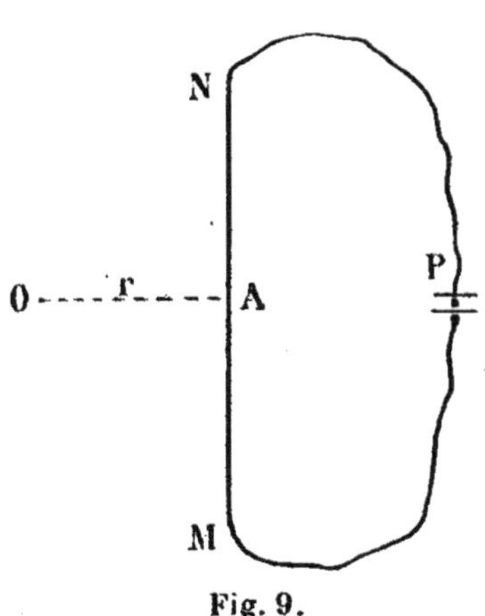

Fig. 9.

Soient H le champ dû au courant MAN et H′ le champ terrestre.

En faisant osciller l'aiguille aimantée sous l'action du champ terrestre seul, puis sous l'action du champ H, Biot et

Savart ont obtenu deux relations qui déterminent H et H′ en fonction d'un facteur de proportionnalité ; ce facteur ne dépend que des unités de mesures choisies.

D'autres expériences furent faites, où la distance r était variable, et où le courant MAN se pliait en A, faisant un angle 2α dont la bissectrice passait au point O.

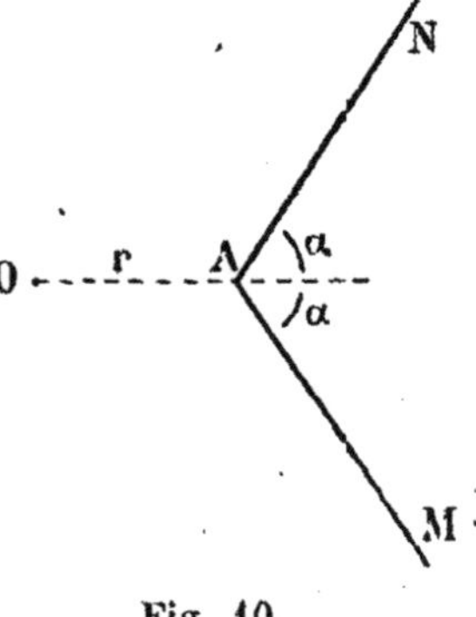

Fig. 10.

Le résultat trouvé fut le suivant :

Le champ produit au point O par le courant anguleux MAN peut se représenter par un vecteur H perpendiculaire au plan du courant, et dirigé vers la gauche d'un observateur traversé par le courant des pieds à la tête, et regardant dans la direction du point O. La longueur du vecteur H est donnée par la formule

$$H = \frac{2hi}{r} \operatorname{tg} \frac{\alpha}{2},$$

où h désigne une constante que l'on fait égale à 1, par un choix convenable d'unité.

L'observateur traversé des pieds à la tête par le courant est souvent désigné sous le nom de *bonhomme d'Ampère*.

28. Formule de Laplace. — La formule de Laplace est une solution du problème suivant : étant donné le champ total produit en un point O par un courant, si on le décompose par la pensée en une infinité de courants élémentaires, quel pourra être le champ partiel produit par chacun de ces éléments ? Bien entendu, un élément de courant est une fiction, et l'on voit aisément que ce problème, simple question de calcul différentiel, admet une infinité de solutions. En effet, supposons que nous ayons trouvé une valeur quelconque du champ élémentaire répondant à la question. Nous en déduirons une infinité d'autres, en lui ajoutant une différentielle exacte dont l'intégrale, prise le long du circuit fermé que parcourt le courant, sera nulle. En résumé, la formule que nous cherchons est un artifice de calcul. Elle n'est assujettie qu'à la condition suivante : quand on déterminera le champ dû à tous les éléments de courants successivement, la somme géométrique des vecteurs ainsi obtenus sera identique au champ H, que produit le courant total, et que fait connaître l'expérience de Biot et Savart.

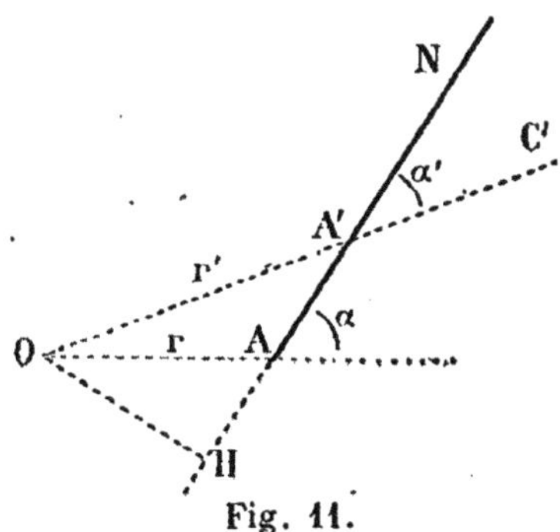

Fig. 11.

Voici comment on peut trouver une solution du problème.

Reprenons les notations du paragraphe précédent et considérons le courant MAN, faisant en A l'angle 2α, dont la bissectrice passe par le point O. Posons $AA' = ds$, $OA = r$, $OA' = r'$ $\widehat{CAN} = \alpha$, $\widehat{C'A'N} = \alpha'$. Abaissons du point O la perpendiculaire OH sur AN.

On aura, si l'on veut, en désignant par $H_{AA'}$ le champ produit par l'élément AA' :

$$H_{AA'} = H_{AN} - H_{A'N} = i\,\frac{h}{r}\,\mathrm{tg}\,\frac{\alpha}{2} - i\,\frac{h}{r'}\,\mathrm{tg}\,\frac{\alpha'}{2}.$$

D'autre part, on a les relations

$$OH = r\sin\alpha = r'\sin\alpha'$$

et

$$-\,r d\alpha = ds\sin\alpha.$$

On pourra donc écrire

$$H_{AA'} = H ds = \frac{ih}{r\sin\alpha}(\cos\alpha' - \cos\alpha)$$

$$= \frac{ihd(\cos\alpha)}{r\sin\alpha} = -\,i\,\frac{h}{r}\,d\alpha = \frac{hi\sin\alpha\,ds}{r^2}.$$

Nous connaîtrons ainsi la valeur du champ fictif créé au point O par l'élément ds. Le vecteur $H ds$ sera perpendiculaire au plan déterminé par cet élément et par le point O ; il sera dirigé vers la gauche du bonhomme d'Ampère traversé par l'élément ds des pieds à la tête et regardant le point O. Il est évident, d'après la façon dont nous avons procédé, qu'en composant tous les vecteurs Hds dus à chacun des éléments de courant, nous obtiendrons le champ H, dû au courant total.

La formule

$$Hds = \frac{hi \sin \alpha \, ds}{r^2}$$

est dite *formule de Laplace*. Comme plus haut, nous ferons encore $h = 1$, pour simplifier l'expression, grâce à un choix convenable d'unités.

La formule de Laplace permet de calculer en un point quelconque de l'espace le champ dû à un courant de forme quelconque, mais connue, dont l'intensité est donnée.

29. Principe des galvanomètres. — Le couple qui sollicite une aiguille aimantée placée dans un champ magnétique est par définition proportionnel à l'intensité du champ ; et les expériences de Biot et Savart nous ont montré qu'en un point de l'espace le champ produit par un courant est proportionnel à l'intensité de ce courant.

Donc la connaissance de ce couple permet de mesurer l'intensité d'un courant. On réalise cette mesure à l'aide d'appareils nommés *galvanomètres*.

En enroulant un fil conducteur un grand nombre de fois

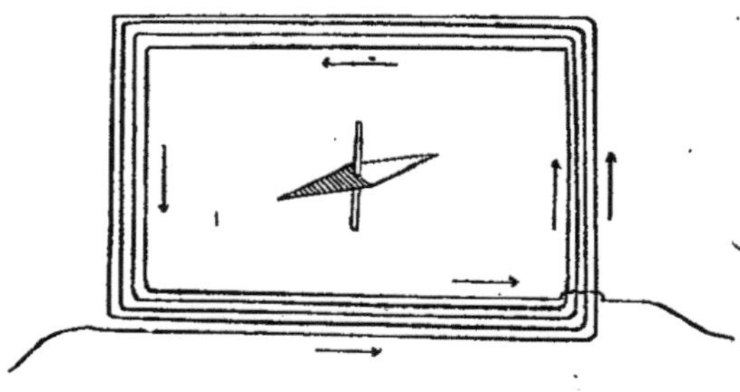

Fig. 12.

autour d'une aiguille aimantée, on multiplie l'action du courant que l'on fera passer dans le fil. La déviation de l'aiguille lorsque le courant passe, déviation contrariée soit par la torsion d'un fil qui soutient l'aiguille, soit par l'action du champ terrestre, permet de mesurer l'intensité du courant. On gradue l'appareil par comparaison.

30. Galvanomètre balistique. — Faisons passer dans le fil d'un galvanomètre un courant de très courte durée. L'aiguille subit une déviation brusque. Elle n'a pas encore pris son équilibre que déjà le courant a cessé. Mais il est possible, en mesurant la déviation maximum imprimée à l'aiguille, de connaître la quantité d'électricité $\int idt$ débitée par le courant instantané.

A un instant donné, l'aiguille a subi une déviation θ, et un couple $C\theta$ tend à la ramener à sa position primitive. Ce couple est dû, soit au champ terrestre, soit à la torsion d'un fil de suspension. Nous supposons les angles θ assez petits pour qu'on puisse légitimement confondre les sinus et les arcs et admettre que, dans tous les cas, le couple est proportionnel à la déviation.

L'action du courant sur l'aiguille se réduit à un couple Γ, qui tend à l'écarter de sa position primitive. L'équation du mouvement est donc, en désignant par Σmr^2 le moment d'inertie de l'aiguille par rapport à son axe de rotation :

$$\Sigma mr^2 \frac{d^2\theta}{dt^2} = \Gamma - C\theta. \qquad (1)$$

Supposons que le courant dure un temps très court τ. Au bout de ce temps τ, l'aiguille ne se sera pas écartée notablement de sa position d'équilibre, et l'on pourra poser $\theta = 0$. La vitesse qu'elle aura acquise sera donnée par la formule

$$\left(\frac{d\theta}{dt}\right)_\tau = \frac{1}{\Sigma mr^2} \int_0^\tau \Gamma dt,$$

obtenue en intégrant l'équation (1) où l'on suppose θ nul.

Au bout du temps τ, le courant cesse ; et l'on peut dès lors poser $\Gamma = 0$.

L'équation du mouvement sera donc :

$$\Sigma mr^2 \frac{d^2\theta}{dt^2} = - C\theta,$$

avec les conditions initiales

$$\theta = 0$$

et

$$\left(\frac{d\theta}{dt}\right)_0 = \frac{1}{\Sigma mr^2} \int_0^\tau \Gamma dt.$$

En intégrant et tenant compte de ces conditions, on trouve

$$\theta = A \sin 2\pi \frac{t}{T},$$

T et A étant donnés par les relations

$$T = 2\pi \sqrt{\frac{\Sigma mr^2}{C}}$$

$$A = \frac{2\pi}{T} \int_0^\tau \frac{\Gamma}{C} dt$$

et A représentant la plus grande déviation de l'aiguille.

Soit I le courant permanent qui produirait sur l'aiguille le couple AC. On pourra poser $AC = \lambda I$, en désignant par λ un facteur constant. Le couple Γ sera produit par un courant d'intensité i, et l'on aura

$$\Gamma = \lambda i.$$

On pourra donc écrire

$$AC = \lambda I = \frac{2\pi}{T} \int_0^\tau \lambda i dt,$$

d'où l'on tire

$$\int_0^\tau i dt = \frac{T}{2\pi} I.$$

Dans cette formule $\int_0^\tau i dt$ représente la quantité d'électricité débitée par le courant instantané, et I, *l'intensité d'un courant permanent imprimant à l'aiguille la déviation A*.

§ 3. ACTION DES CHAMPS MAGNÉTIQUES SUR LES COURANTS

31. — L'action des champs magnétiques se fait sentir sur les courants aussi bien que sur les aimants. Cette action peut être mise en évidence par la rotation de la *roue de Barlow* ; elle est précisée par la *loi de Maxwell.*

32. Roue de Barlow. — C'est une roue métallique à longues dents (fig. 13), qui effleure une goutte de mercure. Un

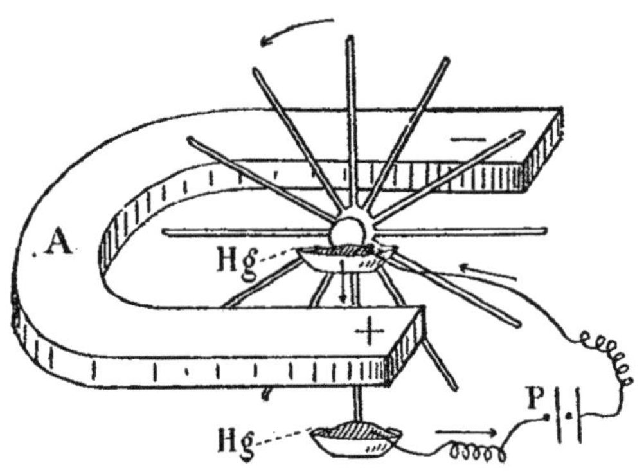

Fig. 13. — Roue de Barlow

courant passe à travers le mercure, entre dans la roue par le moyeu, et sort par un rayon.

Si l'on place la roue dans un champ magnétique, le rayon où passe le courant est sollicité par une force dite *électromagnétique*, qui le fait tourner d'un certain angle. Un autre rayon le remplace, qui rétablit la fermeture du courant, et la roue se trouve animée d'un mouvement de rotation continu. Nous verrons plus loin comment on peut déterminer le sens de cette rotation. Dans la figure 13, le champ magnétique est produit par un aimant A, et le courant par une pile P.

33. Loi de Maxwell. — Plaçons un conducteur rectiligne AB dans un champ magnétique ; et faisons-le reposer sur deux gouttes de mercure, qui lui transmettent un courant d'intensité i. Soit H le champ supposé uniforme à l'endroit où se trouve AB. Le conducteur AB est sollicité par une force électromagnétique F, que l'on peut mesurer de la façon suivante :

Choisissons le champ H de façon que la force F soit dirigée de haut en bas. En attachant au conducteur AB un bras de levier qui repose sur un couteau de balance C et porte un

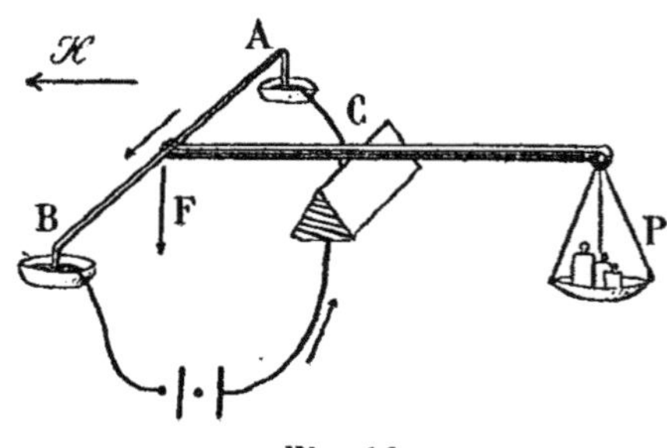

Fig. 14.

plateau P, on peut placer des poids dans le plateau de façon à équilibrer exactement la force F.

En variant le dispositif de l'expérience, on est arrivé à ce résultat général, que Maxwell avait déduit de considérations plus complexes :

Un conducteur de longueur dl, *placé dans un champ* H, *et traversé par un courant d'intensité* i, *est sollicité par une force*

$$F = i \sin(H, dl) H dl$$

perpendiculaire au plan de H *et de* dl, *et dirigée vers la gauche d'un observateur traversé des pieds à la tête par le courant et regardant dans la direction du champ.*

34. Orientation des courants mobiles dans les champs magnétiques. — La loi de Maxwell permet d'expliquer la rotation de la roue de Barlow, et d'en prédire le sens. Elle rend compte aussi de l'orientation des circuits mobiles dans les champs magnétiques.

Supposons par exemple qu'un cadre conducteur ABCD, de

forme rectangulaire, placé dans un champ vertical H, puisse tourner autour d'une charnière horizontale MN, passant par les milieux des côtés AD et CB. Etablissons un courant dans le cadre. Les quatre côtés seront sollicités par des forces électromagnétiques F, qui devront être perpendiculaires à ces côtés et perpendiculaires au champ : elles seront donc horizontales et dirigées toutes vers l'intérieur ou toutes vers l'extérieur du circuit, comme le montre le bonhomme d'Ampère. Les forces appliquées aux côtés AD et CB donneront naissance à un couple, qui fera tourner le plan du cadre jusqu'à ce qu'il soit normal au champ. On connaîtra le sens de rotation quand on connaîtra les forces F : celles-ci seront déterminées par la loi de Maxwell.

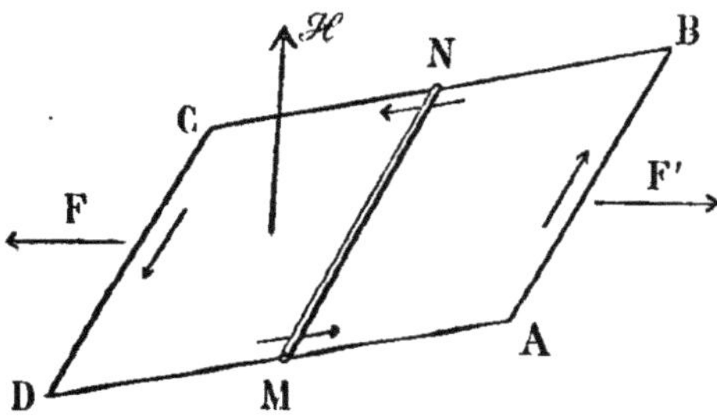

Fig. 15.

Supposons, pour fixer les idées, que le champ H soit dirigé de bas en haut, que le circuit soit parcouru par le courant dans le sens des flèches (fig. 15) et que le côté AD soit le plus près du lecteur. Le bonhomme d'Ampère, couché sur le côté AB, aura les pieds en A, la tête en B. Il regardera en haut ; et la force électromotrice appliquée au côté AB, sera dirigée vers sa main gauche, c'est-à-dire vers la droite du lecteur.

On verra de même, dans la roue de Barlow, que, si le pôle nord de l'aimant est le plus près du lecteur, et si le courant entre dans la roue comme il est indiqué sur la figure 13, la roue tournera dans le sens de la flèche.

§ 4. ACTION DES COURANTS SUR LES COURANTS

35.— Les courants agissent sur les courants, de même que sur les aimants, et les lois de Laplace et de Maxwell suffisent à faire connaître leurs attractions ou leurs répulsions. La première de ces lois fait connaître le champ magnétique en tout point de l'espace, et la seconde la force électromagnétique en fonction du champ.

36. Attraction de deux courants parallèles et de même sens. — Considérons deux courants parallèles C et C′, d'intensités i et i', que nous représentons dans le plan de la feuille de papier. D'après la loi de Laplace, le champ H créé par le courant C′ en un point O du courant C sera représenté par un vecteur, normal au plan du papier, et dirigé vers le lecteur. La force électromagnétique F, qui sollicite le courant C au point O, sera, d'après la loi de Maxwell, perpendiculaire au courant C et au champ H, et dirigée vers le courant C′, si i' est de même sens que i ; elle sera dirigée en sens inverse, si les courants sont de sens contraires. En répétant le même raisonnement pour les forces électromagnétiques qui sollicitent les différents éléments du courant C, on verra que deux courants parallèles s'attirent, s'ils sont de même sens, et se repoussent s'ils sont de sens contraires.

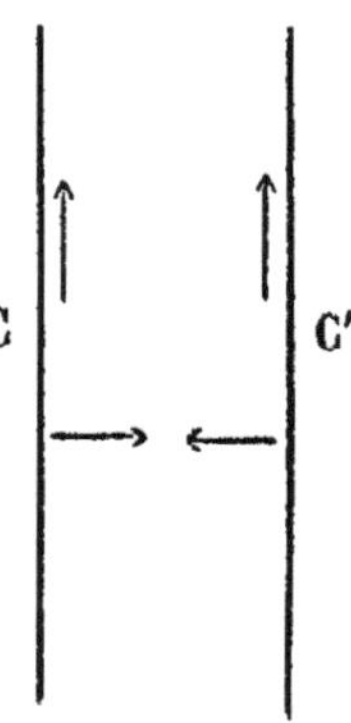

Fig. 16.

Isolons par la pensée deux éléments de courant parallèles δs et $\delta s'$ (fig. 16), et supposons que le segment r qui les joint leur soit normal. Le champ créé par $\delta s'$ en un point O de δs a pour expression, d'après la loi de Laplace, l'angle α étant droit :

$$H\delta s' = hi' \frac{\delta s'}{r^2}.$$

La force qui sollicite l'élément δs aura pour valeur, d'après la loi de Maxwell :

$$F = H\delta s' i \delta s = hii' \frac{\delta s \delta s'}{r^2}.$$

La symétrie de la formule montre que la force qui sollicite l'élément $\delta s'$ a la même valeur F.

§ 5. FLUX

37. Définition du flux. — Soit $d\sigma$ un élément d'une surface S, situé dans un champ magnétique H. Choisissons sur la surface S un côté positif et un côté négatif; et menons à $d\sigma$ la demi-normale positive N. On nomme *flux à travers l'élément* $d\sigma$ le produit

$$d\varphi = H \cos (H,N) d\sigma$$

et *flux à travers la surface* S la somme algébrique des flux à travers tous ses éléments.

On aura donc, en désignant par Φ le flux total :

$$\Phi = \int_S H \cos (H,N) d\sigma.$$

Quand on considère une surface limitée par un circuit C que parcourt un courant, on convient de prendre comme côté positif de la surface celui qui est dirigé vers la gauche du bonhomme d'Ampère regardant vers l'intérieur du circuit.

On voit que le flux à travers l'élément $d\sigma$ a même mesure que le volume d'un cylindre ayant pour base l'élément $d\sigma$, et pour arête le champ H.

38. Travail des forces électromagnétiques. — Supposons qu'un élément $AB = dl$, traversé par un courant d'intensité i, se translate infiniment peu de AB en A'B'. Soit H le champ en un point de AB. L'élément dl est sollicité par une force électromagnétique F, perpendiculaire au plan de H et de dl; et l'on aura, d'après la formule de Maxwell :

$$F = iH \sin (H, dl) dl.$$

Soit dT le travail de cette force dans la translation AA'. On aura :

$$dT = F. \overline{AA'}. \cos (F, AA'),$$

ou, en remplaçant F par sa valeur,

$$dT = iH dl \sin (H, dl) AA' \cos (F, AA').$$

Si l'on considère le parallélipipède construit sur H, dl et AA' pour arêtes, on pourra lui donner pour base le parallélogramme construit sur H et dl, dont l'aire est égale à $H dl \sin (H, dl)$, et pour hauteur la perpendiculaire abaissée du point A' sur cette base. Cette hauteur est égale à la projection du côté AA' sur une perpendiculaire à la base, sur la force F par exemple, et a pour expression

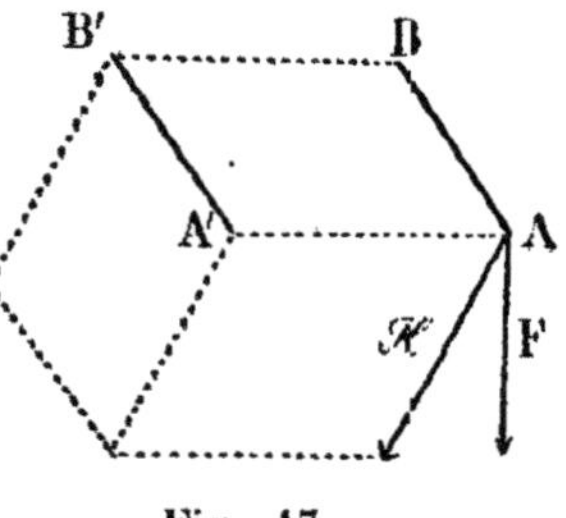

Fig. 17.

$$AA' \cos (F, AA').$$

Le volume dv de ce parallélipipède est donc égal à

$$H dl \sin (H, dl) AA' \cos (F, AA'),$$

et l'on a

$$dT = i dv.$$

Nous avons vu (n° 37) que le flux $d\varphi$ à travers la surface ABA'B', ou, comme nous dirons, le flux coupé par l'élément AB lorsqu'il balaye cette base, est égal au volume dv. Nous pourrons donc écrire

$$dT = i d\varphi.$$

Le travail dT des forces électromotrices, relatif au courant tout entier, sera, pour un déplacement infiniment petit, égal à

$$dT = id\Phi,$$

en désignant par $d\Phi$ le flux coupé par tout le courant.

Pour un déplacement fini, on aura

$$T = i\Delta\Phi.$$

§ 6. RÉSUMÉ ET APPLICATIONS

39. — Il faut retenir de ce chapitre qu'un conducteur traversé par un courant, et placé dans un champ magnétique, est sollicité par une force électromagnétique. Ce phénomène est régi par la loi de Maxwell. La loi de Laplace est un artifice de calcul, qui permet de déterminer en un point de l'espace le champ produit par un courant. La considération du flux donne à l'expression du travail des forces électromagnétiques une simplicité remarquable.

Le galvanomètre balistique, qui permet de mesurer la quantité d'électricité débitée par un courant instantané, nous sera utile dans l'étude des phénomènes d'induction et de l'électricité statique.

La roue de Barlow nous montre comment on peut transformer l'énergie électrique en travail mécanique. On conçoit que des dispositifs différents, fondés sur le même principe, permettent de construire des machines plus puissantes.

CHAPITRE IV

INDUCTION

§ 1. Courants d'induction. — § 2. Self-induction. — § 3. Force électromotrice d'induction totale. — § 4. Résumé et applications.

§ 1. COURANTS D'INDUCTION

40. Définition du courant d'induction. — Faraday a découvert que, quand le flux qui traverse un circuit conducteur, placé dans un champ magnétique, vient à varier, un courant prend naissance dans le circuit, et cesse en même temps que la variation du flux. Si le circuit n'était primitivement le siège d'aucun courant, il s'en développerait un ; si, au contraire, un courant le traversait déjà, ce courant serait modifié par un courant supplémentaire. Le courant ainsi créé se nomme *courant d'induction* ou *courant induit*.

La variation du flux qui donne naissance au courant d'induction peut être produite par le déplacement relatif du circuit et du champ, par la variation du champ, par la déformation du circuit, ou par toutes ces causes réunies.

41. Sens du courant induit. Loi de Lenz. — L'expérience montre que le sens du courant induit est tel, que ce courant s'oppose au mouvement qui lui a donné naissance. Plus généralement, la variation du flux produite par le courant induit est de sens contraire à celle qui a donné lieu à ce courant. Cette loi se nomme *loi de Lenz*.

Voici une expérience qui permet de vérifier la loi. Supposons deux circuits parallèles C et C'. Le circuit C est parcouru par un courant d'intensité i, produit par une pile P par exemple. Le circuit C' est relié à un galvanomètre G. Les déviations accusées par l'aiguille du galvanomètre permettront de reconnaître le sens du courant qui traversera C'. Si nous approchons du circuit C le circuit C', ce dernier sera le siège d'un courant d'induction, d'intensité i'. Or, nous savons que deux courants parallèles et de sens contraires se repoussent. D'après la loi de Lenz, le courant i' sera de sens contraire au courant i, car il s'opposera au rapprochement des deux circuits. Les indications du galvanomètre confirment ce résultat.

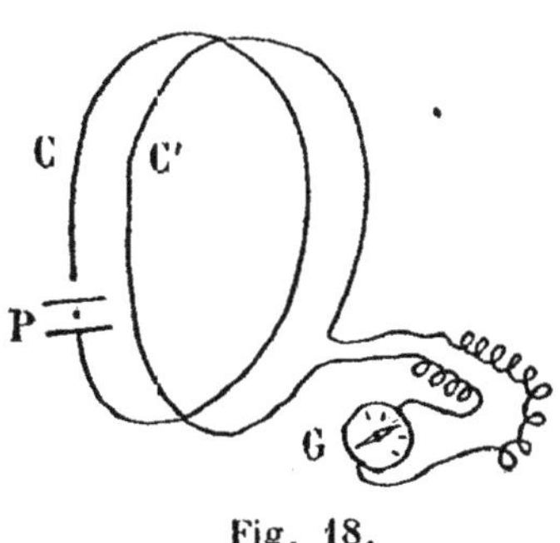

Fig. 18.

Au contraire, si nous éloignons l'un de l'autre les circuits C et C', le courant induit i' sera de même sens que i, car deux courants parallèles et de même sens s'attirent ; le courant i' tendra à s'opposer au mouvement qui lui a donné naissance.

42. Expression de l'intensité du courant induit. — Nous allons montrer, dans un cas particulier, comment on peut calculer l'intensité du courant induit, en appliquant la propriété fondamentale de l'énergie (n° 1).

Déplaçons pendant un temps très court dt un circuit C dans un champ magnétique produit par un aimant, et calculons l'énergie

$$dU = JdQ - d\mathfrak{T}_i$$

que nous avons fournie au circuit et à l'aimant.

Le travail des forces intérieures, dû aux réactions mutuelles qui s'exercent entre l'aimant et le circuit, est celui de la force électro-magnétique F qui sollicite chaque élément du circuit. Nous avons calculé ce travail (n° 38), et nous avons trouvé que, en appellant $d\Phi$ le flux coupé par les parties mobiles du circuit, on a la relation

$$d\,\mathcal{E}_i = id\Phi.$$

L'aimant n'a pas à entrer en ligne de compte dans le calcul, car il reste à la même place et à la même température, comme le montre l'expérience.

Au contraire, le circuit produit, d'après la loi de Joule, une quantité de chaleur Ri^2dt, en appelant R sa résistance et dt la durée du courant.

On a donc :

$$JdQ = -Ri^2dt,$$

ce qui donne :

$$dU = -Ri^2dt - id\Phi.$$

Laissons dissiper la chaleur produite par le courant ou maintenons, par un moyen quelconque, la température du circuit constante.

L'état physique du circuit sera redevenu le même ; les paramètres qui le déterminent auront repris leur valeur initiale ; et, d'après la propriété fondamentale de l'énergie, on aura :

$$dU = 0.$$

On déduit de là, en supposant i différent de zéro, ce qui est légitime puisque l'expérience révèle l'existence du courant d'induction :

$$Ri = -\frac{d\Phi}{dt}.$$

Ainsi, la propriété fondamentale de l'énergie nous apprend que, si le courant se produit, son intensité a pour expression :

$$i = -\frac{1}{R}\frac{d\Phi}{dt},$$

et l'expérience nous montre que le courant se produit réellement.

Le signe — est la traduction de la loi de Lenz.

La force électromotrice induite a pour expression :

$$Ri = -\frac{d\Phi}{dt}.$$

§ 2. SELF-INDUCTION

43. Induction par variation d'intensité. — Un circuit C, parcouru par un courant i, produit un certain champ magnétique. Si l'intensité i vient à varier, le flux à travers le circuit variera simultanément. Le circuit sera donc le siège d'une forme électromotrice d'induction.

L'expérience montre que cette force électromotrice E_i est proportionnelle à la vitesse de variation de l'intensité. On aura donc, en désignant par L une quantité positive, dite *coefficient de self-induction* :

$$E_i = -L\frac{di}{dt}.$$

Le signe — est encore la traduction de la loi de Lenz.

La quantité d'électricité induite $\int idt$ se mesure au moyen du galvanomètre balistique.

44. Courant de fermeture. — Quand on ferme le circuit d'une pile, l'intensité croît, pendant un temps très court δt, de la valeur zéro à la valeur i. On observera donc une force électromotrice d'induction, qui a pour expression :

$$-L\frac{i}{\delta t}.$$

Cette force électromotrice donne lieu au *courant de fermeture*, de sens contraire à celui de la pile : ce courant, de courte durée, s'oppose au courant initial et retarde son établissement.

45. Courant de rupture. — De même, quand on coupe un circuit parcouru par un courant d'intensité i, on développe pendant un temps très court δt, une force électromotrice d'induction égale à

$$-\mathrm{L}\frac{(-i)}{\delta t}=\mathrm{L}\frac{i}{\delta t}.$$

§ 3. FORCE ÉLECTROMOTRICE D'INDUCTION TOTALE

46. Induction par déformation du circuit. — Toute déformation d'un circuit que parcourt un courant fait varier le flux à travers le circuit, et provoque une certaine force électromotrice d'induction. Or, l'expérience montre que tout se passe comme si le courant cessait dans le circuit primitif C et si un courant de même intensité prenait naissance dans le circuit déformé C_1.

47.— La force électromotrice de rupture a pour expression $\mathrm{L}\frac{i}{dt}$ et celle de fermeture $-(\mathrm{L}+d\mathrm{L})\frac{i}{dt}$, en désignant par $d\mathrm{L}$ la variation du coefficient L correspondant à une déformation infiniment petite du circuit.

La force électromotrice résultante aura donc pour valeur :

$$\mathrm{L}\frac{i}{dt}-(\mathrm{L}+d\mathrm{L})\frac{i}{dt}=-i\frac{d\mathrm{L}}{dt}.$$

48. Force électromotrice d'induction totale. — Si le circuit se déforme et si, en même temps, l'intensité i du courant varie, la force électromotrice totale E_i, due à ces deux causes, s'obtiendra en faisant la somme des forces électromotrices partielles. On aura :

$$\mathrm{E}_i=-\mathrm{L}\frac{di}{dt}-i\frac{d\mathrm{L}}{dt}=-\frac{d}{dt}(\mathrm{L}i).$$

L'expérience justifie cette manière de voir.

49. Coefficient d'induction mutuelle de deux circuits. — L'expérience montre que, si deux courants i et i', parcourant des circuits C et C', subissent dans l'intervalle de temps *dt* des accroissements *di* et *di'*, les forces électromotrices d'induction sont, pour le circuit C :

$$-L\frac{di}{dt} - M\frac{di'}{dt},$$

et pour le circuit C' :

$$-L'\frac{di'}{dt} - M'\frac{di}{dt}.$$

Les quantités L et L' sont les coefficients de self-induction des circuits C et C'. Nous allons montrer que les coefficients M et M' sont égaux. En effet, supposons les courants *i* et *i'* égaux. L'expérience fait voir que la quantité d'électricité induite dans C' par la suppression du courant *i* est égale à la quantité d'électricité induite dans C par la suppression du courant *i'*. On a donc :

$$M\frac{i}{dt} = M'\frac{i}{dt}.$$

D'où l'on conclut :

$$M = M'.$$

Aussi a-t-on nommé la quantité M *coefficient d'induction mutuelle* des deux circuits.

Un raisonnement analogue à celui que nous avons fait montre que la force électromotrice totale induite, due à la déformation et à la variation d'intensité des deux courants, est, pour le circuit C :

$$-\frac{d}{dt}(Li + Mi'),$$

et pour le circuit C' :

$$-\frac{d}{dt}(Mi + L'i').$$

50. Expression générale de la force électromotrice d'induction. — Nous avons vu, dans un cas particulier, que la force électromotrice d'induction qui se développe dans un circuit a pour expression $-\frac{d\varphi}{dt}$, en désignant par $d\varphi$ la variation du flux qui traverse le circuit pendant l'intervalle de temps dt.

Nous verrons plus tard que cette formule est absolument générale : elle résume, avec une merveilleuse simplicité, toute la théorie de l'induction.

Cette remarque montre en particulier que L représente le flux à travers le circuit C, lorsqu'il est isolé et parcouru par un courant égal à l'unité. Le coefficient M représente le flux à travers C, dû au courant i', quand $i'=1$.

§ 4. RÉSUMÉ ET APPLICATIONS

51. — Il faut retenir de ce chapitre qu'un circuit conducteur, placé dans un champ magnétique, est le siège d'un courant, lorsque le flux qui le traverse vient à varier. La propriété fondamentale de l'énergie permet de calculer par une formule très simple la quantité d'électricité induite.

Les phénomènes d'induction sont en quelque sorte la réciproque des phénomènes électromagnétiques, étudiés au chapitre précédent. Nous avions vu comment l'énergie électrique se transforme en travail mécanique. L'étude de l'induction nous montre comment un travail mécanique se transforme en énergie électrique.

CHAPITRE V

MAGNÉTISME

§ 1. Magnétisme et induction magnétique. — § 2. Hystérésis. — § 3 Résumé et applications.

§ 1. MAGNÉTISME ET INDUCTION MAGNÉTIQUE

52. Aimants. — Les propriétés des aimants furent connues dès la plus haute antiquité. Nous nous bornerons ici à en rappeler les principales.

Une aiguille aimantée, suspendue par son centre de gravité, s'oriente sous l'action du champ terrestre, et dirige une de ses pointes vers le nord, l'autre vers le sud.

Quand on place deux aimants l'un à côté de l'autre, les pôles de même nom se repoussent, les pôles de noms contraires s'attirent.

Si l'on casse en deux une aiguille aimantée, au lieu d'isoler un pôle nord et un pôle sud, on donne naissance à deux nouveaux aimants, ayant chacun deux pôles ; et le même phénomène se reproduit, si loin qu'on pousse la division de l'aiguille primitive.

On sait aussi que l'action de la terre sur l'aiguille aimantée se réduit à un couple. On le voit en faisant flotter sur l'eau une aiguille aimantée reposant sur un bouchon de liège : l'aiguille s'oriente d'elle-même, mais ne subit aucune translation.

53. Solénoïdes. — On nomme *solénoïde* un dispositif

constitué par un fil conducteur enroulé en hélice cylindrique. Lorsqu'un solénoïde mobile est parcouru par un courant, il s'oriente dans un champ magnétique comme le ferait un aimant. On a nommé *pôle positif* du solénoïde l'extrémité qui s'oriente dans le même sens que le pôle nord de l'aimant ; l'autre extrémité est le *pôle négatif*. L'expérience montre aussi que deux solénoïdes s'attirent ou se repoussent de la même façon que les aimants.

54. Electro-aimant. — Un morceau de fer doux, placé dans un solénoïde, s'aimante ; et l'on observe à ses extrémités deux pôles, positif et négatif, situés respectivement du même côté que les pôles de même nom du solénoïde. Quand le courant a cessé, le fer doux se désaimante rapidement. Un semblable dispositif se nomme un *électro-aimant* (fig. 19).

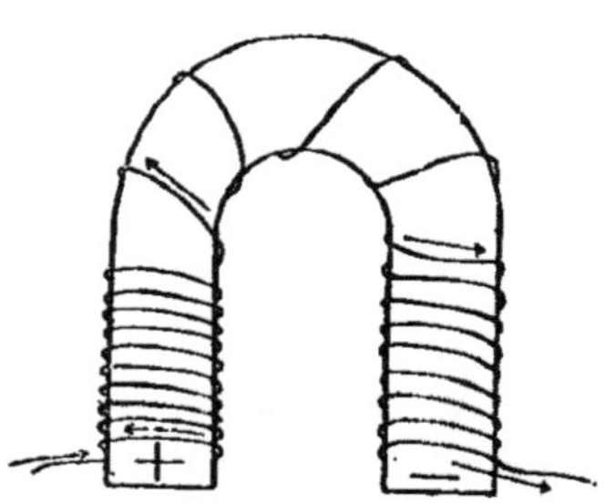

Fig. 19. — Electro-aimant.

On donne souvent aux électro-aimants la forme de fer à cheval ; le champ magnétique dû au courant est rendu plus intense par la présence du fer doux.

55. Induction magnétique. — Si un circuit conducteur entoure un *solénoïde* AB comme le montre la fig. 20, et se déplace brusquement de A en B, une quantité d'électricité q sera induite dans le circuit : on pourra la mettre en évidence par un galvanomètre balistique.

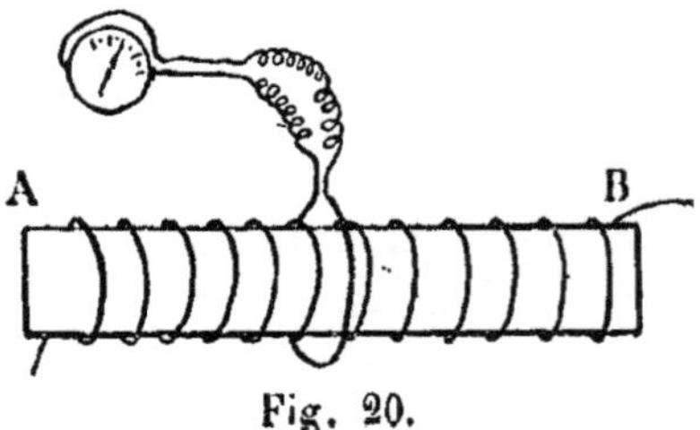

Fig. 20.

Cette quantité q mesurera le flux φ coupé.

Or, si l'on répète la même expérience en plaçant dans le solénoïde un morceau de fer doux, on trouvera un nouveau flux φ_1.

Le rapport $\frac{\varphi_1}{\varphi} = \mu$ se nomme la *perméabilité magnétique* du fer, rapportée à l'air.

On obtient un résultat analogue, en laissant le circuit immobile, et en faisant cesser brusquement le courant. On mesurera encore, avec et sans fer doux, deux flux différents.

Si l'on remplace le fer doux par d'autres corps, comme l'acier trempé, on observera toujours un phénomène analogue, mais qui sera plus ou moins net. L'acier, par exemple, ne perdra pas son aimantation aussitôt après la rupture du courant, et ce fait diminuera le flux φ_1.

Le flux φ à travers une surface S a pour expression :

$$\Sigma_S \, H \cos(H,N)\, d\sigma,$$

en désignant par H le champ dû au solénoïde, par $d\sigma$ un élément de la surface S, et par N la demi-normale positive à l'élément $d\sigma$. Si l'on remplaçait le champ H par un champ B, égal à μH, obtenu en amplifiant le champ H dans le rapport μ, le nouveau flux φ_1 aurait pour expression :

$$\Sigma_S \, \mu H (\cos H,N) d\sigma = \mu \Sigma_S \, H \cos(H,N) d\sigma = \mu\varphi = \varphi_1.$$

Quand on place dans le solénoïde le morceau de fer doux, on peut imaginer que le champ primitif H devient $B = \mu H$, et cette hypothèse donnera, dans le calcul du flux, des résultats numériquement exacts. Le vecteur B se nomme *induction magnétique*.

Mais ce qui complique beaucoup les choses, c'est que la perméabilité μ d'un certain corps est une fonction du champ H, qui varie avec le temps. Ces variations, que nous allons étudier, constituent le phénomène d'hystérésis.

§ 2. HYSTÉRÉSIS

56. Hystérésis. — L'aimantation d'un barreau d'acier, par exemple, placé dans un électro-aimant, ne cesse pas en même temps que le courant ; elle a un certain retard, nommé *hystérésis*.

Aussi, quand on cherche à représenter graphiquement les valeurs corrélatives de H et de B, on trouve que la valeur de B, correspondant à une valeur de H, dépendra des transformations antérieures subies par le corps étudié, transformations dues au champ magnétique, d'intensité variable, auquel on l'a exposé.

Le diagramme suivant (fig. 21) fera suffisamment comprendre l'allure de la courbe. Le long de la branche OA, le champ H croît ; puis on le fait décroître. L'acier ne se désaimante pas aussitôt, et la courbe, au lieu de redescendre sur elle-même, suit un chemin AB, qui indique pour μ des valeurs plus grandes.

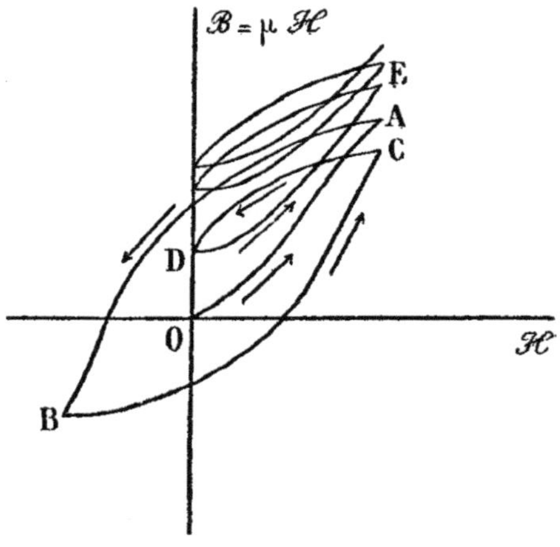

Fig. 21.

Arrivé en B, on fait croître de nouveau le champ H, et il y a cette fois-ci un retard à l'aimantation. Le long de l'arc BC, on trouve pour μ des valeurs plus petites. Quand on répète l'opération un certain nombre de fois, en faisant croître et décroître H dans les mêmes limites, on finit par obtenir une courbe fermée, nommée *cycle d'hystérésis*.

Le phénomène d'hystérésis est comparable aux phénomènes de frottement, en mécanique : comme lui, il est souvent nuisible, et dégrade en chaleur inutilisée une partie de l'énergie que l'on cherche à transmettre à l'aide de machines électriques.

§ 3. RÉSUMÉ ET APPLICATIONS

57. — Il faut retenir de ce chapitre que les solénoïdes jouissent des mêmes propriétés que les aimants. On augmente leurs effets par l'introduction d'un morceau de fer doux, qui s'aimante et constitue ce que l'on nomme un électro-aimant.

Les électro-aimants sont utilisés dans les machines électriques pour produire des champs très intenses. On met aussi à profit leurs propriétés pour produire à distance des phénomènes d'attraction, utilisés dans une foule d'appareils (sonnettes électriques, télégraphes, etc.).

CHAPITRE VI

ÉLECTROSTATIQUE

§ 1. Charge électrique. — § 2. Energie des systèmes électrisés. — § 3. Champ électrique et potentiel. — § 4. Condensateurs. — § 5. Diélectriques. — § 6. Effets lumineux des décharges.

§ 1. CHARGE ÉLECTRIQUE

58. Définition et mesure de la charge. — Mettons un corps conducteur A en relation avec le pôle positif d'une pile, à l'aide d'un fil métallique; puis supprimons le fil, et relions le conducteur à l'une des bornes d'un galvanomètre balistique dont l'autre est à la terre.

Un courant instantané, d'intensité variable i, se manifeste ; et la déviation de l'aiguille mesure la quantité d'électricité $\int idt$ débitée par le courant.

On dit que le corps A était *électrisé*, et qu'il avait une *charge positive* q égale à $\int idt$.

Si l'on avait mis primitivement A en relation avec le pôle négatif de la pile, on aurait observé dans le galvanomètre une déviation égale et de sens contraire : le corps A aurait eu une charge dite *négative* $-q$ égale à $-\int idt$.

Les corps électrisés sont capables d'exercer entre eux certaines actions, et d'électriser à leur tour les corps conducteurs soit par contact, soit même à distance. Nous allons étudier ces différentes propriétés.

59. Attractions et répulsions entre les corps électrisés. — L'expérience montre que deux corps électrisés se repoussent, si leurs charges sont de même signe, et s'attirent, si leurs charges sont de signes contraires.

On met ces faits en évidence en chargeant de petites balles de sureau suspendues à un fil fin. Les balles, ainsi suspendues, se déplacent sous l'action des forces les plus faibles.

60. Electrisation par contact. — Mettons en communication un corps électrisé A avec un conducteur B non électrisé. A cède à B une partie de sa charge. L'expérience montre que A et B ont alors des charges *de même signe*, dont *la somme est égale à la charge primitive de* A.

On peut vérifier ces faits à l'aide du galvanomètre balistique.

61. Electrisation par influence. — Plaçons devant un corps S, chargé positivement, un conducteur A isolé, c'est-à-dire n'étant en communication avec aucun autre conducteur.

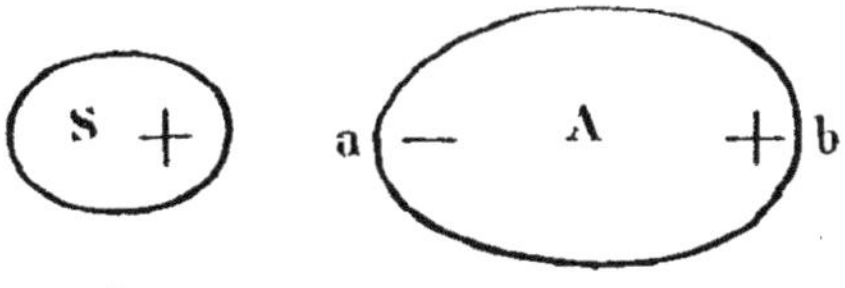

Fig. 22.

On observe que la partie *a* de A voisine de S (fig. 22) se charge négativement, tandis que la partie opposée *b* se charge positivement. On reconnait le signe de cette charge en voyant si elle attire ou repousse une petite balle de sureau chargée positivement (n° 59).

Si l'on éloigne S, A n'est plus électrisé.

Si l'on met la partie *b* de A en communication avec le sol, la surface extérieure de A est *tout entière chargée négativement*. Supprimons alors la communication avec le sol, et éloignons S. L'expérience montre que A *conserve sa charge*. On dit que ce conducteur a été électrisé par influence.

62. Electroscope à feuilles d'or. — Pour reconnaitre si

un corps est électrisé, on se sert d'un *électroscope*. Cet appareil (fig. 23) est formé d'une bouteille de verre que ferme un bouchon non conducteur, en paraffine. Une tige métallique, terminée à sa partie supérieure par une boule, traverse le bouchon, et porte, à sa partie inférieure, deux feuilles d'or parallèles.

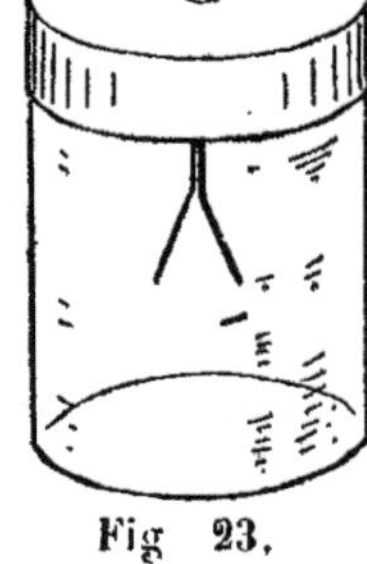

Fig 23. Electroscope.

Quand on approche un corps électrisé A, les feuilles d'or divergent.

On explique ce fait en remarquant que les feuilles se chargent par influence d'électricité de même nom, et se repoussent.

Pour reconnaître le signe de l'électricité de A, on approche un corps portant une charge de signe connu. Si les feuilles divergent davantage, l'effet de ce corps s'ajoute à celui du premier conducteur : leur électrisation était de même signe. Si les feuilles divergent moins, les charges étaient de signes contraires.

63. L'électricité se porte à la surface des conducteurs. — L'expérience montre qu'à l'intérieur d'un conducteur, il n'y a pas de charge : toute l'électricité se porte à sa surface. Cette loi peut se vérifier de la façon suivante :

On charge un corps A ; puis on l'entoure de deux hémisphères conductrices (fig. 24), qui l'enveloppent complètement. Si l'on met le corps A en contact avec les hémisphères, il se décharge aussitôt, et les hémisphères emportent toute sa charge.

Fig. 24.

On peut d'ailleurs vérifier à l'aide d'un électroscope qu'il n'y a pas d'électricité à l'intérieur d'une sphère conductrice creuse : ce fait a une grande importance dans certaines théories mathématiques de l'électricité.

64. Densité électrique. — Nous avons vu que l'électricité se porte sur la surface extérieure des conducteurs. On peut se demander comment elle s'y répartit, c'est-à-dire quelle est la grandeur de l'attraction ou de la répulsion que chaque partie de cette surface exerce sur une petite balle de sureau électrisée positivement. On précise l'étude de la distribution de l'électricité sur un conducteur par la notion de *densité électrique*. Si l'on applique sur une portion σ de la surface du corps électrisé un petit disque de clinquant, porté par un manche isolant, et que l'on nomme *plan d'épreuve*, le disque emporte avec lui une certaine charge q, et l'on nomme densité électrique au point touché le rapport

$$E = \frac{q}{\sigma}.$$

On apprécie la charge q en mettant le plan d'épreuve en contact avec la boule de l'électroscope. Les feuilles s'écartent d'autant plus l'une de l'autre que la charge q est plus grande. On peut mesurer l'angle d'écart en plaçant un cadran divisé derrière les feuilles, et graduer l'appareil par comparaison.

L'expérience semble montrer qu'en un point de la surface d'un conducteur, la densité électrique est proportionnelle à la courbure moyenne de la surface en ce point. Cette loi, qu'il est difficile de vérifier avec une grande exactitude, indique plutôt le sens de variation du phénomène.

La formule $E = \frac{q}{\sigma}$ montre que, si la densité E reste finie, la charge q et la surface σ seront infiniment petites en même temps. C'est ce qui explique qu'un fil très fin ne peut porter qu'une charge négligeable.

65. Pouvoir des pointes. — La remarque que nous venons de faire s'applique aussi aux pointes. Lorsqu'un conducteur est terminé par une pointe effilée, la pointe ne peut conserver sa charge, et laisse écouler, comme l'on dit, toute l'électricité du conducteur.

Il revient au même, pour un conducteur électrisé, de perdre une charge positive ou d'en acquérir une négative. Aussi peut-on dire que les pointes sont capables de puiser de l'électricité de nom contraire à celles des conducteurs qui communiquent avec elles. Ces propriétés sont utilisées dans les paratonnerres et dans différentes machines électrostatiques.

66. Application du principe de l'action et de la réaction aux phénomènes électriques. — Quand deux petits corps A et B, portant des charges q et q', sont en présence, chacun d'eux est sollicité par une force f, dirigée suivant la droite qui les joint, et proportionnelle au produit qq'. Si l'on déplace dans un même milieu les corps A et B de façon à faire varier leur distance r, l'expérience montre que la force f varie, et qu'on peut la représenter par une expression de la forme :

$$f = qq'\varphi(r).$$

Coulomb a pensé que la fonction $\varphi(r)$ était égale à $\frac{k}{r^2}$, en désignant par k une constante, dont la valeur dépend des unités de mesure.

On aurait donc, dans cette hypothèse :

$$f = k\frac{qq'}{r^2}.$$

Cette formule, dite *formule de Coulomb*, semble avoir conduit à des conséquences exactes.

La vérification *directe* est extrêmement difficile, et n'a jamais été faite d'une manière précise.

On déduit de l'expression de la force f la conséquence suivante : il faut dépenser le même travail pour déplacer d'une quantité dr, sur la droite AB, la charge q en présence de la charge q', ou la charge q' en présence de la charge q. D'une façon plus générale, le travail que l'on a dépensé pour modifier la distance AB ne dépend que des valeurs initiale et finale de cette distance : c'est là une conséquence de la propriété fondamentale de l'énergie.

§ 2. ÉNERGIE DES SYSTÈMES ÉLECTRISÉS

67. Champ électrique. — On nomme *champ électrique* un espace où se manifestent des phénomènes d'attraction et de répulsion entre les corps électrisés. En un point A d'un champ, un petit corps, portant une charge q, est sollicité par une force f, proportionnelle à q. On représente l'intensité du champ au point A par un vecteur parallèle à la force f, dirigé dans le même sens, et numériquement égal au quotient $\frac{f}{q}$.

68. Energie d'un corps électrisé. — Quand on décharge un corps électrisé en le mettant en communication avec le sol, l'énergie de ce corps passe de la valeur U à la valeur U_0. La différence d'énergie $U - U_0$ se nomme, par abréviation, *l'énergie du corps électrisé*. Mais l'énergie d'un corps n'est définie qu'à une constante près ; et l'on choisit cette constante de façon que l'énergie U_0 soit nulle.

Cette définition suppose que la variation d'énergie $U - U_0$ est la même, quel que soit le point du sol avec lequel on a mis le corps en communication. On vérifie qu'il en est bien ainsi, en mesurant l'énergie comme nous allons l'expliquer.

69. Mesure de l'énergie d'un corps électrisé. — La variation de l'énergie d'un corps a pour expression (n° 1) :

$$\Delta U = JQ + \mathcal{E}_e - \frac{1}{2} \Delta \Sigma m v^2.$$

Quand on décharge un corps électrisé en le reliant au sol, les termes $\mathcal{E}_e$ et $\Delta \Sigma m v^2$ sont nuls, puisque le corps reste immobile. On a donc :

$$\Delta U = U = JQ,$$

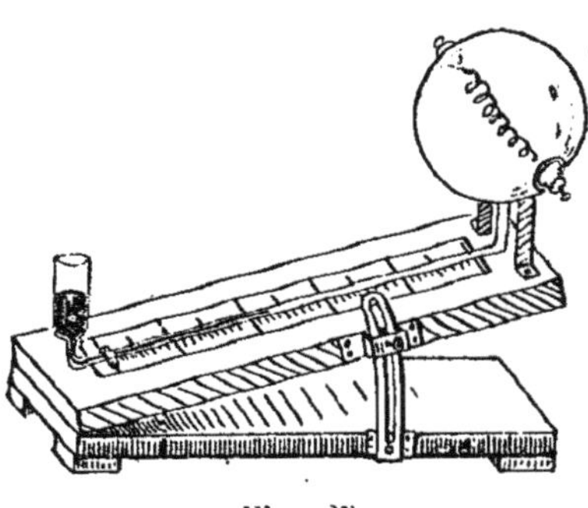

Fig. 25.

et la mesure de l'énergie ΔU se ramène à la mesure d'une quantité de chaleur.

On met le conducteur dont on veut mesurer l'énergie en communication avec la terre, à l'aide d'un long fil, enroulé en spirale, dont la presque totalité est contenue dans le réservoir d'un thermomètre. Ce thermomètre, d'une forme spéciale, inventé par *Riess*, se compose d'un récipient plein d'air, qui communique avec un tube capillaire rempli de mercure. Quand on décharge le corps, un courant instantané passe dans le fil, qui s'échauffe en vertu de la loi de Joule. La chaleur dégagée fait dilater l'air du récipient, qui refoule le mercure.

Les changements de niveau du mercure, que l'on apprécie à l'aide d'une règle graduée devant laquelle il se déplace, font connaître l'accroissement de volume de l'air, et permettent ainsi de calculer la quantité de chaleur Q qui a été dégagée pendant la décharge.

L'énergie U cherchée est égale à JQ.

70. Energie d'un système électrisé. — On appelle *énergie d'un système électrisé* la somme algébrique des énergies des conducteurs qui composent le système.

71. Variations d'énergie dues au déplacement d'un conducteur dans un champ électrique. — Quand on déplace un conducteur A devant un système électrisé S, on dépense une certaine quantité d'énergie ΔU. Cette énergie sert à augmenter les énergies du corps A et du système S, de quantités ΔU_A et ΔU_S, et l'on a :

$$\Delta U = \Delta U_A + \Delta U_S .$$

Or, les quantités ΔU_A et ΔU_S sont égales : c'est une conséquence du principe de l'action et de la réaction, que l'on peut d'ailleurs vérifier expérimentalement dans quelques cas simples.

On a donc :

$$\frac{1}{2} \Delta U = \Delta U_A = \Delta U_S .$$

§ 3. CHAMP ÉLECTRIQUE ET POTENTIEL

72. Etude du champ électrique. — L'étude du champ électrique a pour but de faire connaître en chaque point la force qui sollicite une petite charge q, ou, ce qui revient au même, le travail qu'il est nécessaire de dépenser pour la déplacer.

Dans cette étude, il est commode d'introduire une notion nouvelle, celle de potentiel.

73. Potentiel d'un corps électrisé. — L'expérience montre que l'énergie d'un corps électrisé peut varier lorsque, la *charge restant la même*, on déplace le corps dans un champ électrique. De plus, l'énergie d'un conducteur est dans certains cas proportionnelle à sa charge. On en déduit que l'énergie est proportionnelle au produit de deux facteurs : l'un est la charge, et l'autre une quantité que l'on nomme le *potentiel du corps*.

On écrira donc, en désignant le potentiel par V, et la charge par q :

$$U = hqV.$$

Dans cette formule, la lettre h représente une constante numérique. On la détermine de façon que la valeur numérique du potentiel soit égale à 2, quand l'énergie et la charge sont toutes deux égales à 1. Cela revient à faire $h = \frac{1}{2}$. On a donc, par définition :

$$U = \frac{1}{2} qV.$$

74. Capacité. — Nous avons vu que le potentiel d'un corps électrisé peut varier quand on déplace ce corps dans un champ électrique. Mais, si le corps est loin de tout système électrisé, l'expérience montre que le potentiel est proportionnel à la charge. On aura donc :

$$q = CV,$$

en désignant par C une quantité qui dépend uniquement de la forme géométrique du corps, et que l'on nomme sa *capacité*.

La capacité ainsi définie est analogue à la capacité calorifique, si l'on assimile le potentiel à la température, et la charge à une quantité de chaleur. Mais la capacité électrique diffère de la capacité calorifique en ce que la première n'est définie que dans des conditions bien déterminées.

75. Potentiel en un point d'un champ électrique. — Plaçons en un point M d'un champ électrique une charge q, supposée assez petite pour ne pas modifier le champ d'une manière appréciable. La charge q prendra un potentiel V. Plaçons maintenant cette charge loin de tout système électrisé; elle prendra un potentiel V_0. La différence $V - V_0$ se nomme *potentiel au point* M.

L'expérience montre que la différence $V - V_0$ est indépendante de la valeur V_0 ; ce qui justifie notre définition.

76. Autre définition du potentiel. — Pour déplacer une charge q d'un point M_1, où le potentiel est V_1, en un point M_2, où le potentiel est V_2, il faut dépenser un travail $\mathcal{T}_e$. Ce travail est proportionnel à q, puisqu'en chaque point le champ électrique est proportionnel à q. On écrira donc :

$$\mathcal{T}_e = qT.$$

Mais, par ce déplacement, on a augmenté l'énergie de la charge d'une quantité $\frac{1}{2} q \, (V_2 - V_1)$.

On a donc augmenté l'énergie du système qui produit le champ de la même quantité $\frac{1}{2} q \, (V_2 - V_1)$. L'énergie totale ΔU que l'on a fournie a pour expression :

$$\Delta U = \frac{1}{2} q \, (V_2 - V_1) + \frac{1}{2} q \, (V_2 - V_1) = q \, (V_2 - V_1).$$

Mais on a, par définition (n° 1) :

$$\Delta U = JQ + \mathcal{T}_e - \frac{1}{2} \Delta \Sigma m v^2.$$

Si aucun échange de chaleur n'a lieu entre les conducteurs, et si la variation de force vive est nulle, l'énergie fournie se réduit à $\mathcal{T}_e$.

Ce qui donne :

$$\Delta U = q \, (V_2 - V_1) = \mathcal{T}_e = qT.$$

D'où l'on déduit :

$$T = V_2 - V_1.$$

On énonce ce résultat de la façon suivante : *Si l'on déplace l'unité de charge d'un point où le potentiel est V_1 pour l'amener en un point où le potentiel est V_2, on dépense un travail* T *égal à* $V_2 - V_1$.

77. Champ et potentiel. — Supposons une charge q, placée au point M_1 d'un champ électrique, et soit f la force qui la sollicite. Pour amener cette charge en un point infiniment voisin M_2, il faut dépenser, comme nous l'avons vu, un travail $\mathcal{T}_e = q\,(V_2 - V_1)$, en désignant par V_1 et V_2 les potentiels de la charge q aux points M_1 et M_2. Pendant ce déplacement, la force f effectue un travail $\mathcal{T}_i$ égal et de signe contraire. On a donc, en écrivant l'expression mécanique de ce travail :

$$\mathcal{T}_i = f.M_1M_2 \cos(f, M_1M_2) = -\mathcal{T}_e = q\,(V_1 - V_2),$$

ce qui montre que la force f, ou le champ $\frac{f}{q}$, a une valeur d'autant plus grande que la différence $V_1 - V_2$ est elle-même plus grande, pour une même distance M_1M_2. On peut aussi dire que, pour une même valeur de $V_1 - V_2$, le champ est d'autant plus intense que les points M_1 et M_2 sont plus rapprochés.

78. Mesure du potentiel. — On peut mesurer le potentiel d'un corps électrisé d'une façon assez expéditive, en se fondant sur le phénomène suivant :

Quand on met en communication lointaine, par un fil métallique fin, une sphère conductrice avec un point quelconque M d'un corps électrisé, la sphère prend une charge proportionnelle au potentiel du corps. Cette propriété remarquable, que l'on peut vérifier expérimentalement, et dont nous verrons une explication plus loin, permet de ramener la mesure du potentiel à une mesure unique, celle d'une charge. Si l'on remplace la sphère par un électroscope à feuilles d'or, les feuilles se chargeront, et leur divergence mesurera le potentiel. Il suffira d'établir dans l'appareil un cadran gradué, devant lequel les feuilles se déplaceront.

79. Transport d'électricité. — Un conducteur A_1, de capacité C_1, au potentiel V_1, a une charge Q_1, égale à C_1V_1. Mettons ce corps A_1 en communication lointaine avec un conducteur A_2, porteur d'une charge Q_2, égale à C_2V_2. L'expérience montre que les charges Q_1 et Q_2 ont varié. Elles sont devenues Q'_1 et Q'_2; mais *leur somme n'a pas changé*. (n° 60).

On a donc :

$$Q_1 + Q_2 = Q'_1 + Q'_2.$$

Or, on peut considérer l'ensemble des corps A_1 et A_2 comme un seul conducteur au potentiel V, car, si l'on met un point quelconque M de ces corps en communication lointaine avec une petite sphère conductrice, cette sphère prendra une charge indépendante du point M.

La charge Q'_1 du corps A_1, au potentiel V, sera égale à C_1V. De même, la charge Q'_2 sera égale à C_2V.

On aura donc :

$$C_1V_1 + C_2V_2 = C_1V + C_2V.$$

D'où :

$$V = V_1 + (V_2 - V_1)\frac{C_2}{C_1 + C_2}.$$

Cette formule montre que le corps dont le potentiel était le plus élevé, a pris un potentiel plus faible; il a cédé une partie de sa charge à l'autre corps. On peut comparer le potentiel d'un corps à sa température, et la capacité électrique à la capacité calorifique : quand on met deux corps en contact, le plus chaud cède au plus froid une certaine quantité de chaleur, et les températures des deux corps s'égalisent.

Plus généralement, on dira que le corps A_1 a cédé au corps A_2 une quantité d'électricité égale à $(V_1 - V_2)\frac{C_1C_2}{C_1 + C_2}$, positive si $V_1 - V_2 > 0$, et négative si $V_1 - V_2 < 0$. C'est en employant la même façon de parler qu'on considère une quantité de chaleur comme une expression algébrique affectée d'un signe, et que l'on dit : un corps froid en contact avec un corps chaud lui cède une quantité de chaleur négative.

Le fil qui reliait les corps A_1 et A_2 a été, au moment du contact, traversé par un courant instantané, capable de faire dévier une aiguille aimantée : le courant était dirigé de A_1 vers A_2 si V_1 était supérieur à V_2, et, dans le cas contraire, de A_2 vers A_1.

80. Potentiel aux bornes d'une pile en circuit ouvert. — L'expérience montre qu'un corps conducteur isolé, mis en communication avec un pôle d'une pile en circuit ouvert, prend toujours le même potentiel, quelle que soit la capacité de ce corps. Il en est encore ainsi lorsqu'on le met en communication avec d'autres conducteurs isolés. La pile fournit la quantité d'électricité nécessaire pour maintenir le potentiel constant.

L'expérience montre encore qu'il existe une différence de potentiel constante entre deux conducteurs mis en communication chacun avec l'un des pôles d'une pile, l'un au moins de ces conducteurs étant isolé. On exprime ce fait en disant qu'*une pile, en circuit ouvert, entretient entre ses bornes une différence de potentiel constante.*

81. Potentiel et force électromotrice. — Si l'on mesure les potentiels V_A et V_B en deux points A et B d'un conducteur traversé par un courant i, et si l'on appelle R la résistance du conducteur entre A et B, l'expérience montre que *la différence de potentiel* $V_A - V_B$ *est proportionnelle au produit* Ri. On peut donc poser, par un choix convenable d'unités :

$$V_A - V_B = Ri = E.$$

Cette formule permet de ramener la mesure d'une force électromotrice à celle d'une différence de potentiel et réciproquement.

Nous avons vu (n° 13) que si l'on fait croître indéfiniment la résistance R du circuit d'une pile, l'intensité i du courant tend vers zéro, et le produit Ri, égal à la différence de potentiel entre les deux pôles, a une limite, qui est la force électromotrice de la pile. On déduit de là que, lorsque la résistance R est infinie, c'est-à-dire *lorsque le circuit est ouvert, la différence de potentiel entre les bornes de la pile est égale à sa force électromotrice.* L'expérience justifie cette importante conclusion.

§ 4. CONDENSATEURS

82. Définition des condensateurs. — Mettons une plaque métallique A en communication avec le pôle positif d'une pile. Elle prendra une certaine charge $q = CV$, C étant sa capacité, et V le potentiel du pôle positif.

Si nous mettons une plaque métallique B, de même capacité, en communication avec le pôle négatif de la pile, elle prendra une charge négative $q_1 = CV_1$.

Or, si nous plaçons les plaques A et B vis-à-vis l'une de l'autre, et séparées par une faible distance, l'expérience montre que, dans la même opération, chacune d'elles prend une charge beaucoup plus grande qu'auparavant.

On a en quelque sorte condensé de l'électricité sur A et sur B ; aussi nomme-t-on *condensateur* l'ensemble formé par les deux plaques. Chaque plaque constitue une *armature.* Le potentiel de chacune d'elles n'a pas varié (n° 80) ; et pourtant la charge de chaque plaque est plus grande que lorsqu'elle était isolée. Il faut en conclure que leur capacité, qui est constante lorsque chacune d'elles est loin de tout corps électrisé, a augmenté.

83. Capacité des condensateurs. — Lorsque l'on charge un condensateur en mettant ses armatures A et B respectivement en relation avec les pôles positif et négatif d'une pile, l'armature A prend une charge q au potentiel V_A, et l'armature B une charge $-q$ au potentiel V_B. L'expérience montre que la charge *q est proportionnelle à la force électromotrice* E *de la pile.* La valeur constante C du rapport $\frac{q}{E}$ se nomme la *capacité du condensateur.* On a :

$$CE = C(V_A - V_B) = q.$$

La formule $C = \frac{q}{V_A - V_B}$ sert de définition à la capacité du condensateur, quelle que soit la façon dont on l'ait chargé.

84. Loi de variation de la capacité des condensateurs. — L'expérience montre que la capacité d'un condensateur plan augmente lorsque la distance des armatures diminue : elle est d'ailleurs proportionnelle à leur surface S.

Si l'on désigne par C cette capacité, et par a un facteur constant, on aura :

$$C = a\frac{S}{d}.$$

Si au lieu de l'air on place un corps isolant, comme une plaque de paraffine par exemple, entre les deux armatures, la capacité C variera et deviendra C_1. L'expérience montre que l'on a :

$$C_1 = a_1 \frac{S}{d},$$

en désignant par a_1 une constante qui varie avec le corps isolant.

85. Capacité d'un condensateur quelconque. — Lorsque les armatures d'un condensateur quelconque sont très rapprochées, on peut le considérer comme formé par un grand nombre de condensateurs plans, et la capacité sera encore donnée approximativent par la formule $C = a\frac{S}{d}$.

86. Bouteille de Leyde. — On nomme bouteille de Leyde un condensateur dont l'isolant est une bouteille de verre. Cette bouteille est recouverte extérieurement et intérieurement de feuilles d'étain.

En reliant entre elles les armatures externes et les armatures internes d'un grand nombre de bouteilles de Leyde, on arrive à former un condensateur d'une très forte capacité.

87. Électroscope condensateur. — Cet appareil est un électroscope à feuilles d'or, muni à sa partie supérieure de deux plateaux superposés, séparés par un vernis isolant. Ce système de plateaux forme un condensateur de capacité relativement grande. Mettons le plateau inférieur, que l'on nomme le collecteur, en communication avec un corps électrisé A, et le plateau supérieur en communication avec le sol. Puis éloignons le corps A, et enlevons le plateau supérieur. D'après les propriétés des condensateurs, le potentiel du plateau inférieur augmentera, la capacité ayant diminué et la charge $q = CV$ restant la même. L'expérience montre alors que les feuilles d'or divergent d'une façon notable. L'électroscope condensateur est beaucoup plus sensible que l'électroscope ordinaire. On le munit d'un cadran, devant lequel se déplacent les feuilles d'or, et on le gradue par comparaison.

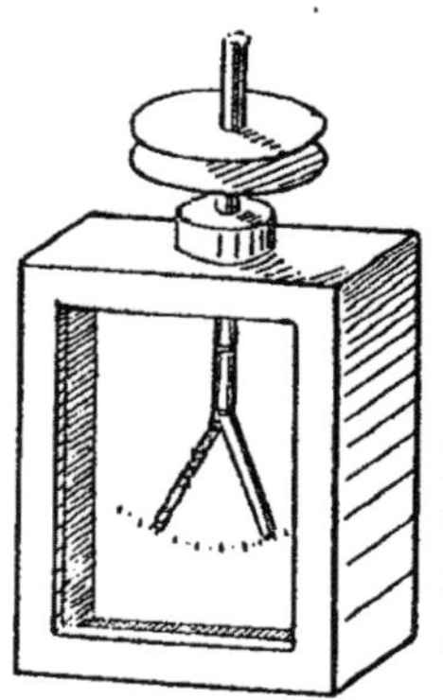
Fig. 26.

§ 5. DIÉLECTRIQUES

88. Définition des diélectriques. Pouvoir inducteur spécifique. — On nomme *diélectriques* ou *isolants* les corps qui ne sont pas conducteurs.

Nous avons vu que la capacité C d'un condensateur était donnée par la formule :

$$C = a\frac{S}{d},$$

où S représente la surface du condensateur, d l'épaisseur de l'isolant ou du diélectrique, et a une constante qui varie avec le diélectrique interposé.

Soit $C_1 = a_1\frac{S}{d}$ la capacité d'un condensateur, pour un diélectrique déterminé A_1 et soit $C_2 = a_2\frac{S}{d}$ la capacité du condensateur, correspondant à un second diélectrique A_2. Le rapport $\frac{a_1}{a_2} = K$, sera égal au rapport des capacités $\frac{C_1}{C_2}$; et, si le second diélectrique A_2 est l'air, le nombre K_0 se nomme *constante du diélectrique* A_1 *par rapport à l'air.* La constante du diélectrique *par rapport au vide* a sensiblement la même valeur.

La quantité a, définie par la formule $C = a\,\frac{S}{d}$, est, à un facteur *numérique* près, le *pouvoir inducteur spécifique* du diélectrique.

89. Courant résiduel. — Lorsque l'on décharge un condensateur, par exemple en joignant les armatures par un fil conducteur, il se produit un courant instantané ; puis, un courant très faible, dont l'intensité va en décroissant, et qui se montre sensible souvent pendant près d'une heure.

Lorsque l'on coupe le fil, les armatures du condensateur se rechargent un peu, et sont capables de produire un nouveau courant de décharge, nommé *courant résiduel.*

Ce phénomène rend très difficile la mesure des constantes diélectriques.

90. Décharge disruptive. — Quand on charge un condensateur avec une pile ayant une grande force électromotrice, il arrive parfois qu'une étincelle éclate entre les armatures, et que le condensateur se trouve déchargé. Ce phénomène se nomme *décharge disruptive.*

91. Tensions intérieures des diélectriques. — Les diélectriques nous apparaissent comme des corps qui s'opposent au passage de l'électricité.

Néanmoins, des charges, mêmes faibles, placées sur les armatures d'un condensateur, arrivent à traverser lentement le diélectrique qui les sépare : la charge d'un condensateur, abandonné à lui-même, diminue avec le temps.

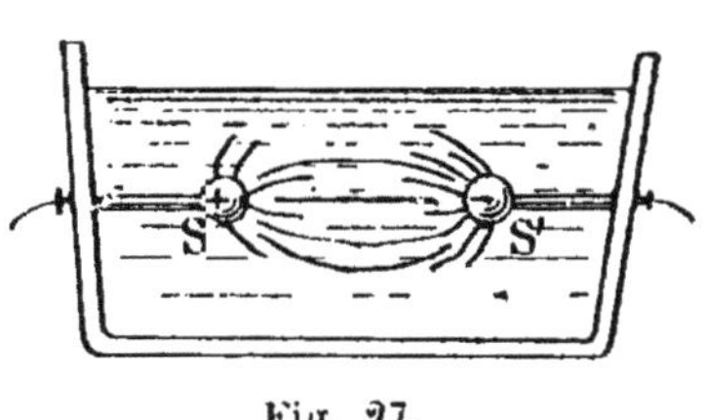

Fig. 27.

Il semble que le diélectrique, placé dans un condensateur, soit le siège de tensions, suscitées par l'électricité qui cherche à passer et à vaincre la résistance qui l'arrête.

Ces tensions sont mises en évidence, dans les diélectriques liquides, par l'*expérience de Faraday*.

Deux sources d'électricité positive et négative, S et S', baignent dans un liquide isolant. Des brins de soie, plongés dans le liquide, se tendent d'eux-mêmes et s'allongent pour aller du point S au point S'.

Dans les diélectriques solides, les tensions intérieures sont mises en évidence par les déformations qu'ils subissent, lorsqu'on les place entre les armatures d'un condensateur : ils se contractent et se dilatent suivant certaines directions. Certains deviennent biréfringents, comme l'a remarqué le docteur Kerr.

§ 6. EFFETS LUMINEUX DES DÉCHARGES

92. Aspect des étincelles. — La décharge électrique à travers l'air et les gaz est toujours accompagnée de phénomènes lumineux. Dans l'air, à la pression ordinaire de l'atmosphère, on obtient des *étincelles*, des *aigrettes* ou des *effluves*.

L'étincelle est rectiligne, quand sa longueur ne dépasse pas 4 à 5 centimètres. Lorsqu'elle est plus grande, elle est ramifiée, puis brisée.

Un conducteur fortement électrisé laisse échapper l'électricité dans l'air et on aperçoit sur ses parties saillantes des *aigrettes*, qui ont l'aspect tantôt de gerbes violacées, tantôt d'étoiles lumineuses.

Lorsque la décharge électrique se produit entre deux conducteurs rapprochés et recouverts d'un isolant mince, on n'observe pas d'étincelles ; mais il se produit une lueur violette et rouge, nommée *effluve*.

Il est très facile de reconnaître les étincelles, les aigrettes et les effluves, quand on les a vues une fois.

93. Tubes de Geissler. — On nomme ainsi des tubes de verre, remplis de gaz, à une pression très faible. Deux fils de platine, soudés au verre, permettent d'y faire passer des décharges électriques. Ces fils sont reliés aux deux pôles d'une machine nommée bobine de Ruhmkorff, qui produit par induction des courants électriques. Les parties larges du tube sont le siège de strates peu lumineuses; les parties étroites brillent d'une vive lumière, dont la couleur varie avec le gaz employé. Le verre du tube devient souvent lumineux ou fluorescent.

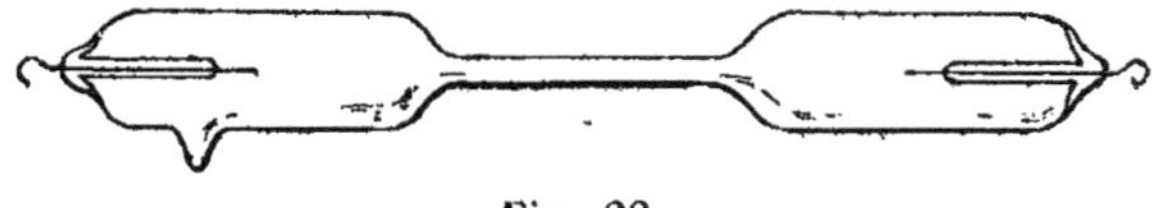

Fig. 28.

94. Tubes de Crookes. — Si l'on diminue encore la pression dans le tube de Geissler, les lueurs qui le remplissaient disparaissent, et l'on obtient sur la paroi du tube opposée au pôle négatif, et que l'on nomme *cathode*, une belle phosphorescence verte. La cathode semble émettre des rayons dits *cathodiques*, qui jouissent de propriétés remarquables. Ils sont déviés par un aimant, et traversent une plaque d'aluminium de faible épaisseur.

95. Rayons X ou rayons Rœntgen. — Si l'on concentre les rayons cathodiques à l'aide d'un miroir concave, et si on les envoie sur une petite lame de platine, comme l'indique la fig. 29, cette dernière s'échauffe, et émet à son tour des radiations particulières, découvertes par M. Röntgen et nommées rayons X. Ces rayons remarquables rendent fluorescent un

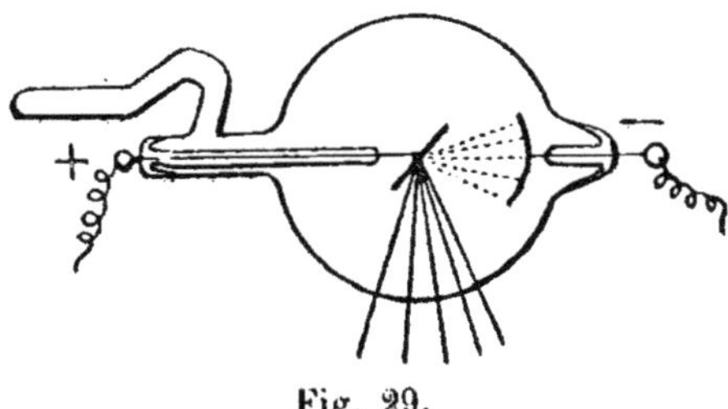

Fig. 29.

écran recouvert de platino-cyanure de baryum ; ils déchargent les corps électrisés ; ils impressionnent les plaques photographiques comme les rayons lumineux ; ils se propagent en ligne droite, sans se réfléchir ni se réfracter ; ils sont arrêtés par presque tous les métaux, mais traversent très bien certaines substances telles que le bois, le papier, la chair.

Les os sont moins transparents que la chair pour les rayons X et l'on utilise cette propriété en radiographie pour photographier les squelettes des êtres vivants. Les rayons X permettent aussi de déceler des falsifications dans les bijoux et pierres précieuses. Ils ont enfin certaines propriétés thérapeutiques.

CHAPITRE VII

MESURES

§ 1. MESURE DE L'INTENSITÉ D'UN COURANT

96. Méthodes générales. — Nous avons défini (n° 6) l'intensité d'un courant, et donné un moyen de la mesurer, fondé sur l'électrolyse. On fait aussi cette mesure d'une façon plus commode, en se servant du galvanomètre, dont nous connaissons le principe (n° 29). Nous donnerons ici quelques indications sur les *ampèremètres*, instruments à indications rapides employés dans l'industrie, sur les *électro-dynamomètres*, qui permettent de mesurer les courants d'une grande intensité, enfin sur les galvanomètres sensibles, capables de déceler les courants les plus faibles.

97. Ampèremètres. — Les ampèremètres sont destinés à donner rapidement la mesure de l'intensité d'un courant. S'ils ne sont pas tous d'une haute précision, ils ont l'avantage de ne pas être fragiles, et de pouvoir être employés commodément dans une usine.

Fig. 30.

Dans ces appareils (fig. 30 et 31) un petit barreau de fer doux, mobile autour d'un axe, est placé dans un champ intense produit par deux aimants A et A′, qui tendent à lui faire garder une direction invariable. Le courant à mesurer passe dans une bobine et fait tourner le petit barreau dont les déviations mesurent l'intensité du courant. On gradue l'appareil par comparaison.

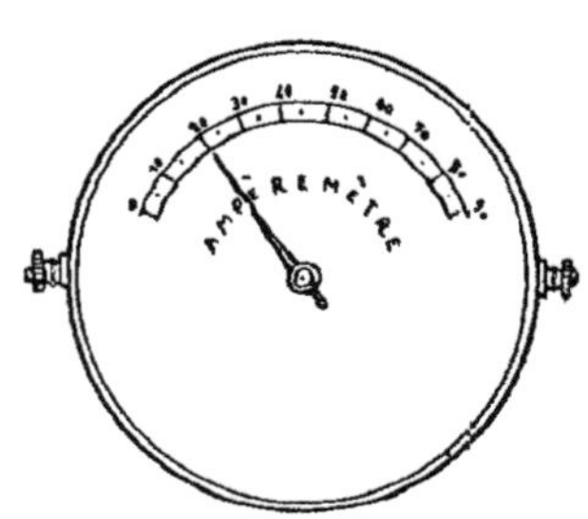

Fig. 31.

98. Electrodynamomètre. — Nous décrirons ici l'électrodynamomètre industriel de Siemens, destiné à mesurer les courants très intenses.

Cet appareil est formé d'un cadre conducteur mobile, porté par un ressort à boudin. Les extrémités du cadre plongent dans deux godets de mercure. Au milieu du cadre, une bobine fine, dont l'axe est horizontal, reçoit le courant que l'on veut mesurer, et qui traverse aussi le cadre, par l'intermédiaire du mercure. Le cadre est dévié par l'action de la bobine, et on le ramène à sa position première en tordant le ressort de suspension.

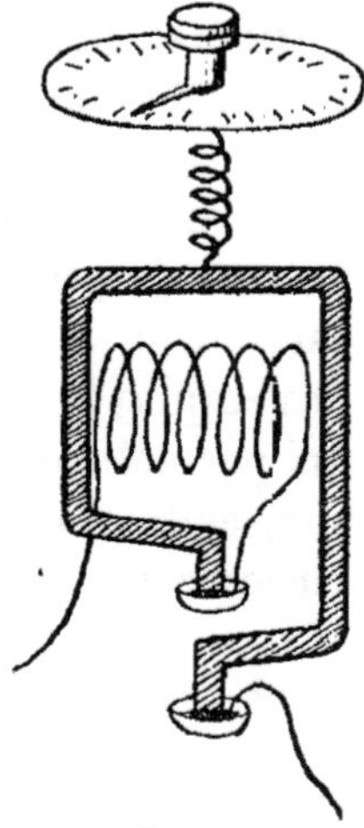
Fig. 32.

Le champ produit par la bobine est proportionnel à l'intensité i à mesurer. L'action du champ sur le courant qui traverse le cadre est proportionnelle au champ, et à l'intensité i.

On aura donc, en désignant par τ la torsion du ressort :

$$\tau = ki^2.$$

Le facteur k est une constante de l'appareil. Les courants i étant supposés très intenses, le champ créé par la bobine a une grande valeur, ce qui rend négligeable l'action du champ magnétique terrestre. *La mesure est indépendante du sens du courant.*

99. Galvanomètre sensible. — Cet appareil est constitué par deux aiguilles aimantées parallèles, presque identi-

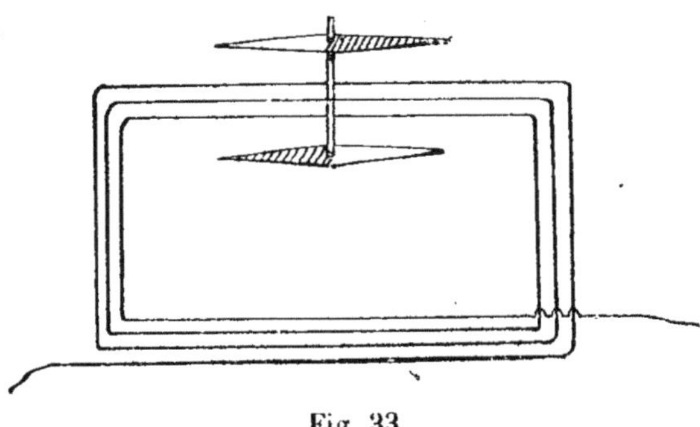

Fig. 33.

ques, suspendues par leurs centres à un même fil fin; les pôles de noms contraires sont placés d'un même côté.

On fait passer le courant entre les deux aiguilles, comme l'indique la figure. De cette façon, sur les deux aiguilles l'action du courant s'ajoute ; au contraire, l'action de la terre est presque annihilée.

Cet appareil décèle les courants les plus faibles. On en augmente la sensibilité en faisant faire plusieurs tours au courant. On mesure les déviations en suspendant aux aimants un miroir, sur lequel on projette un rayon lumineux : le rayon réfléchi se déplace devant une règle divisée. On gradue le galvanomètre par comparaison.

100. Shunts. — Quel que soit l'appareil dont on se sert, on peut ramener la mesure d'un courant donné à celle d'un courant aussi faible que l'on veut. On y parvient à l'aide de *shunts*, ou résistances mises en dérivation, et ayant pour effet de réduire une intensité dans un rapport connu.

Supposons qu'un circuit, parcouru par un courant I, se partage au point A en deux bifurcations qui se rejoignent en B. Soient r_1 et r_2 les résistances des bifurcations, i_1 et i_2 les intensités des courants qui les traversent. Le premier théorème de Kirchhoff, appliqué au point A, donne :

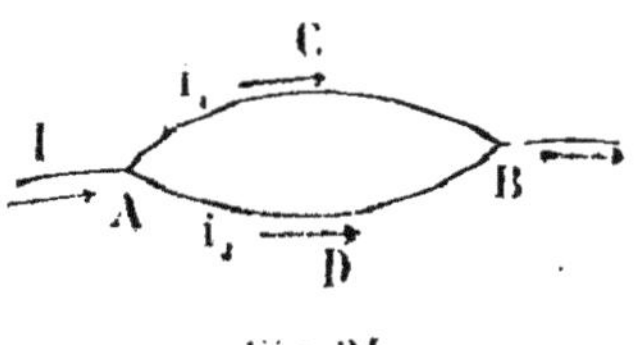

Fig. 34.

$$I - i_1 - i_2 = 0.$$

Le deuxième théorème, appliqué au contour fermé ACBDA, donne :

$$r_1 i_1 - r_2 i_2 = 0.$$

On conclut de ces relations :

$$i_1 = \frac{r_2}{r_1 + r_2} I.$$

Si l'on choisit la résistance r_1 de façon que l'on ait :

$$r_1 = 999 \, r_2,$$

il viendra :

$$i_1 = \frac{I}{1000}.$$

On mesurera donc un courant mille fois plus faible que le courant primitif.

On utilise les shunts lorsque l'on craint que la trop grande intensité du courant vienne à brûler les fils du galvanomètre, ou donne à l'aiguille un déplacement immodéré.

§ 2. MESURE DES RÉSISTANCES

101. Méthodes générales.— Nous avons défini (n° 8) la résistance d'un conducteur, et montré comment on peut la déterminer par la mesure d'une quantité de chaleur. Néanmoins, pour mesurer une résistance, il est plus commode de se servir des propriétés du pont de Wheatstone, que nous allons exposer.

102. Pont de Wheatstone. — Quatre conducteurs AB, BC, CD, DA, ayant respectivement pour résistance r, r', r'', r''', forment un quadrilatère ABCD. La diagonale BD, de résistance ρ, traverse un galvanomètre G. La diagonale AC, de résistance R, comprend une pile P de force électromotrice E.

Soit I l'intensité du courant qui traverse la diagonale AC. La connaissance de E et de I permet de calculer les intensités i, i', i'', i''' et x, des courants qui parcourent les côtés et la diagonale BD.

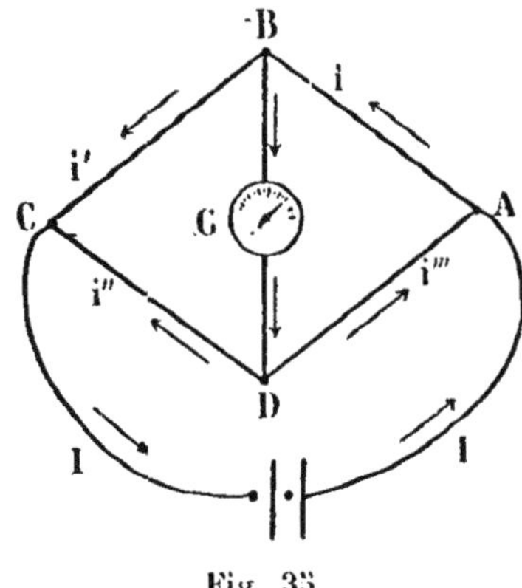

Fig. 35.

Pour faire ce calcul, nous nous appuierons sur les lois de Kirchhoff. Nous supposerons que les courants passent dans le sens indiqué par les flèches : si l'on trouvait, pour une des intensités cherchées, une valeur négative, il faudrait en conclure que le courant considéré passe en sens inverse.

La première loi, $\Sigma i = 0$, appliquée successivement aux points B et D, donne :

en B (1) $i - i' - x = 0$
en D (2) $x - i''' - i'' = 0$.

La seconde loi, appliquée aux contours fermés ABD, BCD, ABCP, donne :

pour le contour ABD (3) $ri + \rho x + r'''i''' = 0$
pour le contour BCD (4) $r'i' - r''i'' - \rho x = 0$
pour le contour ABCP (5) $E - RI - ri - r'i' = 0$.

Les intensités cherchées s'obtiendront en résolvant ce système d'équations.

Calculons par exemple la valeur de x.

En posant :

$$D = \rho(r + r')(r'' + r''') + rr'r''r'''\left[\frac{1}{r} + \frac{1}{r'} + \frac{1}{r''} + \frac{1}{r'''}\right],$$

on trouve :

$$x = \frac{E - RI}{D}(r'r''' - rr'').$$

Cette relation montre que, si les résistances r satisfont à la relation $rr'' - r'r''' = 0$, il ne passe aucun courant dans la diagonale BD. L'aiguille du galvanomètre n'est pas déviée.

Réciproquement, supposons que l'on ait $x = 0$.

On ne peut alors avoir $E - RI = 0$, car l'équation (5) donnerait pour i et i' des valeurs de signes contraires et l'équation (1) des valeurs de même signe : cela exigerait que la force électromotrice E et les intensités de tous les courants fussent nulles simultanément.

Il faut donc en conclure :

$$rr'' - r'r''' = 0.$$

C'est la condition nécessaire et suffisante pour qu'il ne passe aucun courant dans la diagonale BD. Quand cette condition est remplie, on dit que le pont est *équilibré*.

Le calcul n'est pas beaucoup plus compliqué, si l'on intercale des forces électromotrices dans les côtés du quadrilatère. On trouve alors que l'intensité x est donnée par une relation linéaire en I, de la forme :

$$x = A(rr'' - r'r''')I + B.$$

Par conséquent, si l'on a :

$$rr'' - r'r''' = 0,$$

x prend une certaine valeur x_1, *indépendante de I.*

Donc, *si le pont est équilibré, le galvanomètre accusera une déviation qui ne variera pas, si l'on fait* $I = 0$, *c'est-à-dire si l'on coupe la diagonale* AC; *et, réciproquement, si le galvanomètre n'est pas influencé par la rupture du courant dans* AC, *il faudra en conclure que le pont est équilibré.*

102 *bis*. Mesure d'une résistance par le pont de Wheatstone. — Pour mesurer une résistance inconnue x, on emploie un pont ABCD constitué comme l'indique la figure 36. Dans la diagonale AC, on a intercalé un galvanomètre G, et dans la diagonale BD, une pile P. Les côtés du pont sont formés par des résistances, x, r_2, r_3, r_4, que relient de gros morceaux de cuivre de résistance négligeable. On équilibre le pont en déplaçant le contact glissant D. Quand aucun courant n'est indiqué par le galvanomètre, le pont est équilibré, et l'on a :

$$x = \frac{r_3 r_2}{r_4}.$$

Cette formule donne la résistance cherchée, car r_3 est supposé connu, et l'on mesure le rapport $\frac{r_2}{r_4}$ à l'aide d'une règle graduée.

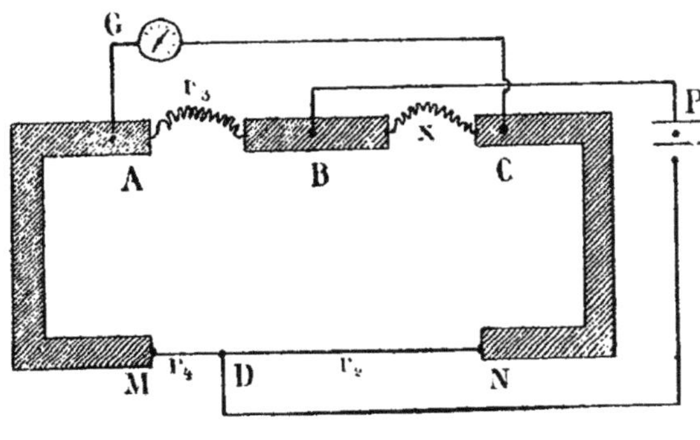

Fig. 36.

103. Mesure de la résistance intérieure d'une pile. — On mesure la résistance intérieure d'une pile en se servant du pont que nous avons utilisé au n° précédent. On ôte la pile P de la diagonale BD, et l'on intercale la pile dont on cherche la résistance dans le côté BC par exemple. Puis on règle les résistances de façon que, si l'on coupe la diagonale BD, le galvanomètre ait la même déviation, avant et après la rupture.

Alors, le pont sera équilibré; et, en appelant λ la résistance inconnue, r_1, r_2, r_3, r_4 les résistances des côtés, on aura la relation :

$$(\lambda + r_1)\, r_4 = r_2 r_3.$$

D'où :

$$\lambda = \frac{r_2 r_3 - r_1 r_4}{r_4}.$$

104. Résistance des liquides. — La mesure de la résistance des liquides ne présente aucune difficulté spéciale. On place le liquide dans une éprouvette AB. Le courant arrive par la base A et se ferme à travers le liquide, en passant par une tige métallique MN, que l'on peut abaisser plus ou moins. On mesurera la résistance entre les points A et N par le pont de Wheaststone, par exemple, et l'on en retranchera la résistance de la tige MN. On aura ainsi la résistance de la colonne liquide AM, qui est proportionnelle à sa hauteur.

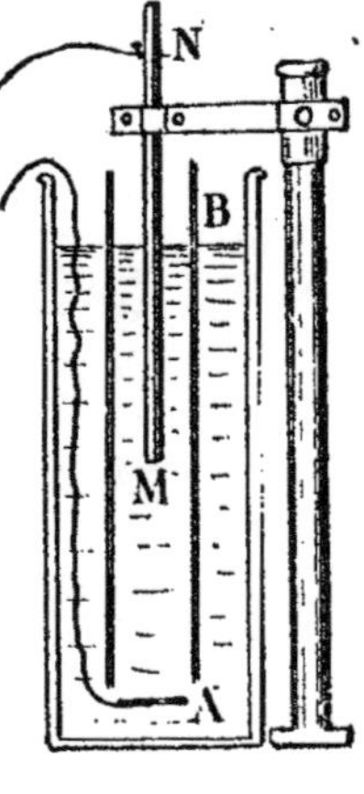

Fig. 37.

105. Mesure des résistances ramenée à la mesure des différences de potentiel. — Nous avons vu (n° 81) que, si un conducteur AB est parcouru par un courant d'intensité I, on a la relation

$$V_A - V_B = RI,$$

en désignant par V_A et V_B les potentiels en A et B, et par R la résistance AB.

Il suffira donc, si l'on connait I, de mesurer la différence de potentiel $V_A - V_B$, ce que nous allons apprendre à faire. Cette méthode s'applique aussi bien aux liquides qu'aux solides.

§ 3. MESURE DES FORCES ÉLECTROMOTRICES ET DES DIFFÉRENCES DE POTENTIEL

106. Méthodes générales. — Nous avons vu (n° 81) que, quand un conducteur AB, de résistance R, est parcouru par un courant d'intensité i, la différence de potentiel entre les points A et B est égale à la force électromotrice développée dans le conducteur. On a donc, en désignant par V_A et V_B les potentiels en A et B, et par E la force électromotrice :

$$V_A - V_B = E = Ri.$$

Par conséquent, on peut ramener la mesure d'une force électromotrice à celle d'une différence de potentiel. On peut aussi mesurer l'intensité i en ampères, et la résistance R en ohms : on aura la force électromotrice E en volts.

Dans l'industrie, on se sert d'appareils à indications rapides, nommés *voltmètres*, dont nous allons indiquer le principe.

Nous exposerons ensuite la façon de comparer les forces électromotrices des piles. Enfin, nous décrirons un appareil inventé par Lord Kelvin, pour mesurer les différences de potentiel

107. Voltmètres. — Les voltmètres ne sont autres que des galvanomètres à forte résistance. On met les deux points A et B dont on cherche la différence de potentiel en relation avec un galvanomètre, auquel on ajoute une résistance très grande. Soient i l'intensité du courant passant dans le galvanomètre, R la résistance de l'appareil, $V_A - V_B$ la différence des potentiels en A et B. L'aiguille sera déviée d'un angle θ, proportionnel à l'intensité, et l'on aura :

$$\theta = ki = k\frac{V_A - V_B}{R},$$

en désignant par k une constante dépendant de l'appareil.

Si l'on opère de même avec un élément étalon, dont on connaît la force électromotrice e, on aura, en négligeant devant R la résistance de la pile :

$$\theta' = ki' = k\frac{e}{R}.$$

On déduit de ces relations :

$$V_A - V_B = e\frac{\theta}{\theta'}.$$

Pour un appareil déterminé, on connaîtra d'avance $\frac{e}{\theta'}$. Il n'y aura plus qu'à lire l'angle θ. On peut d'ailleurs graduer l'appareil de façon que l'aiguille indique les différences de potentiel cherchées.

108. Mesure de la force électromotrice d'une pile. — Pour mesurer la force électromotrice d'une pile, on peut opérer de la façon suivante. On met en relation les bornes de la pile avec les deux armatures d'un condensateur, qui prennent, comme nous l'avons vu (n° 83), une charge q proportionnelle à la force électromotrice E de la pile. On aura donc :

$$q = kE,$$

le facteur k dépendant du condensateur choisi.

On mesurera la quantité d'électricité q en la déchargeant dans un galvanomètre balistique. Le condensateur se charge rapidement, et l'on n'a pas à craindre que, pendant ce temps, la force électromotrice de la pile vienne à varier par suite de modifications chimiques.

109. Méthode de Poggendorf. — Supposons que nous ayons à comparer les forces électromotrices E et E' de deux piles P et P'. On disposera la plus faible P' en dérivation sur un circuit parcouru par un courant venu de la pile P.

Soient r la résistance AEB, y compris la résistance de la pile P, et r' la résistance ADB. On dispose ces résistances *de façon qu'aucun courant ne passe dans la dérivation AGB*, ce qu'on vérifie à l'aide du galvanomètre G. La première loi de Kirchhoff, appliquée aux points A et B, montre que l'intensité i du courant qui parcourt AEB est la même que celle du courant qui parcourt ADB. La seconde loi donne pour le circuit AEBD :

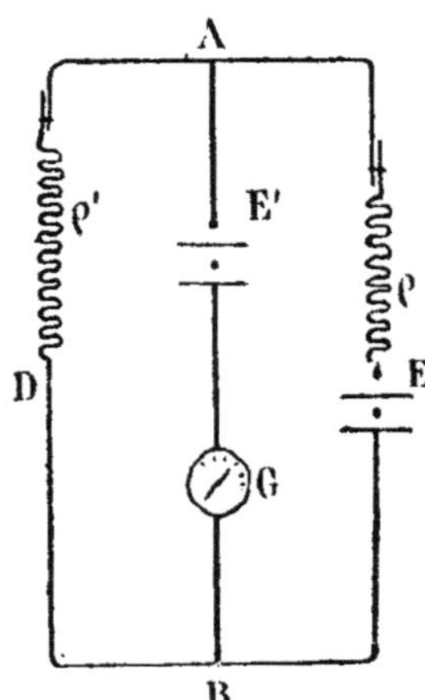

Fig. 38.

$$E - (r + r')\,i = 0,$$

et pour le circuit AEBD :

$$E' - r'i = 0.$$

On en déduit :

$$\frac{E'}{E} = \frac{r'}{r + r'}.$$

Comme les résistances r et r' peuvent être difficiles à mesurer, on recommencera l'expérience en ajoutant à r une résistance ρ et à r' une résistance ρ', déterminées de façon qu'aucun courant ne passe dans AB.

On aura :

$$\frac{E'}{E} = \frac{r' + \rho'}{r + r' + \rho + \rho'} = \frac{\rho'}{\rho + \rho'}.$$

110. Electromètre à quadrants de Lord Kelvin. — Cet appareil, destiné à mesurer les différences de potentiel, est formé de quatre secteurs métalliques S_1, S_2, S_3, S_4, dont l'ensemble forme une boîte cylindrique. Les secteurs S_1 et S_3 sont reliés ensemble ; il en est de même des secteurs S_2 et S_4. Les deux paires de secteurs sont portées à des potentiels *constants*, dont les valeurs V' et — V' sont égales et de signes contraires. Dans la boîte se déplace une aiguille horizontale en aluminium, découpée en forme de 8 : l'aiguille est maintenue par une suspension bifilaire ; elle porte en son milieu une tige de platine à laquelle est accroché un miroir. La tige plonge dans un verre d'acide sulfurique. Par l'intermédiaire de l'acide, on porte la tige de platine et, par suite, l'aiguille d'aluminium au potentiel V que l'on veut mesurer. La différence de potentiel qui existe entre les quadrants et l'aiguille fait dévier cette dernière d'un angle θ, que l'on mesure par le déplacement d'un rayon lumineux réfléchi sur le miroir. L'angle θ est une fonction du potentiel V, que l'on peut déterminer soit par le calcul, soit empiriquement.

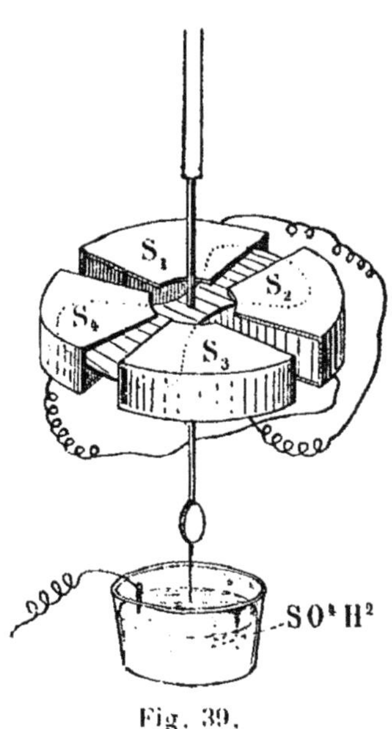

Fig. 39.

§ I. MESURE DES CHARGES ET DES CAPACITÉS

111. Méthodes générales. — Nous avons vu (n° 58) que l'on peut mesurer une charge à l'aide du galvanomètre balistique. On peut aussi se servir d'un électroscope gradué (n° 87). Pour mesurer une grande charge, il est commode de la *vider* dans un électromètre, comme celui de Gaugain, que nous allons décrire.

112. Electromètre de Gaugain. — L'électromètre de Gaugain sert à mesurer les grandes charges. C'est un électromètre à une seule feuille, en regard de laquelle se trouve une boule de laiton B, reliée au sol. Quand on charge le plateau de l'instrument, la feuille se charge aussi, et induit de l'électricité de nom contraire sur la boule B, vers laquelle elle est attirée ; elle la touche et retombe. La charge du plateau s'est écoulée dans le sol.

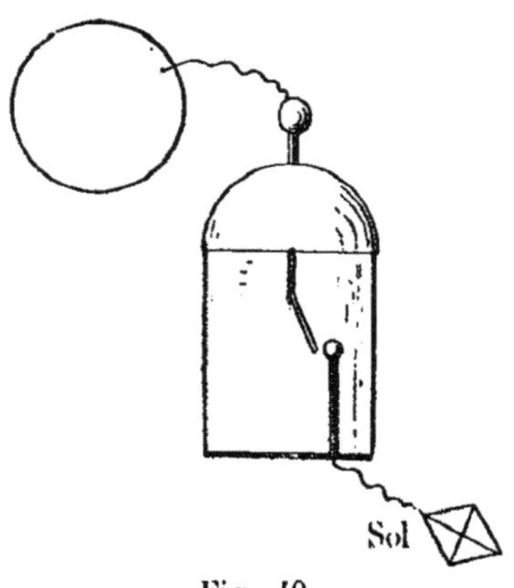

Fig. 40.

Si l'on veut mesurer la charge d'un corps électrisé, on le fait communiquer avec le plateau de l'électromètre par un fil de coton ciré, mauvais conducteur.

L'électricité s'écoule peu à peu dans l'électromètre et, après chaque contact, dans le sol. La charge est proportionnelle au nombre des contacts.

113. Balance électrostatique. — Pour mesurer les petites charges, on peut se fonder sur l'attraction ou la répulsion qu'exercent entre eux deux corps électrisés. C'est le principe de la *balance électrostatique*. Une petite balle de sureau A, portant une charge déterminée, est fixée à l'extrémité d'une aiguille de verre suspendue à un fil très fin. Une autre balle D, portant la charge à mesurer ou une portion connue de cette charge, attire (ou repousse) la boule A et fait dévier l'aiguille, que l'on ramène à sa position primitive en tordant l'extrémité supérieure du fil d'un certain angle, fonction de la charge. On gradue l'appareil par comparaison.

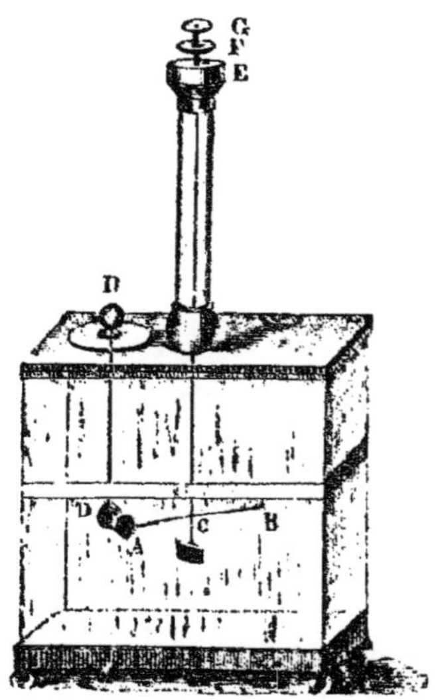

Fig. 41.

114. Calcul des capacités. — On sait que la charge q, le potentiel V et la capacité C d'un corps isolé sont liés par la relation $q = VC$. Si donc on connaît deux de ces quantités, on en déduira la troisième. Comme nous avons appris à mesurer les charges et les potentiels, nous savons aussi évaluer les capacités.

On peut également, pour comparer deux capacités, comparer les quantités d'électricité qui les chargent à un même potentiel. S'il s'agit de deux condensateurs, par exemple, on mettra successivement les deux armatures de chacun d'eux en relation avec les deux pôles d'une pile, et on les déchargera dans un galvanomètre balistique. C'est d'ailleurs une méthode que nous avons déjà employée pour comparer les forces électromotrices de deux piles.

Néanmoins, il est souvent utile de savoir mesurer directement une capacité. On peut opérer comme nous allons l'expliquer.

115. Mesure directe d'une capacité. — Supposons une sorte de pont de Wheatstone *abcd*, dont les branches *bc* et *cd* sont formées par deux condensateurs de capacités C et C', leurs armatures extérieures étant reliées au sol.

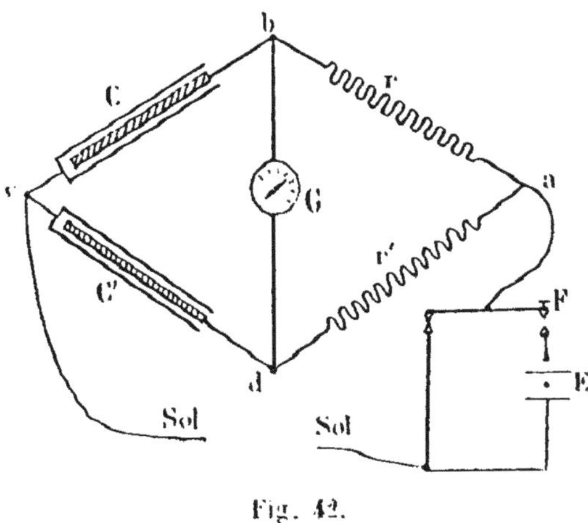

Fig. 42.

On place deux résistances *r* et *r'* dans les branches *ab* et *ad*, réglées de telle façon qu'aucun courant ne passe dans la diagonale bd, lorsque l'on abaisse la clef F : la fermeture de la clef a pour effet, comme le montre la figure, d'intercaler dans la diagonale ac une force électromotrice E. Puisqu'aucun courant ne passe dans la diagonale bd, les points b et d sont au même potentiel, et les charges q et q' des deux condensateurs sont proportionnelles aux capacités C et C'. Mais ces charges sont elles-mêmes proportionnelles aux intensités des courants qui les apportent, intensités inversement proportionnelles aux résistances r et r'. On a donc :

$$\frac{C}{C'} = \frac{r'}{r},$$

ce qui donne le rapport cherché.

§ 5. MESURE DU FLUX

116. Flux à travers une surface fermée. — La mesure du flux est facilitée dans certains cas par le théorème suivant, que nous généraliserons plus tard.

Dans un champ uniforme, le flux à travers toute surface fermée est nul.

Rappelons d'abord qu'un champ H est dit uniforme s'il a en chaque point même valeur et même direction.

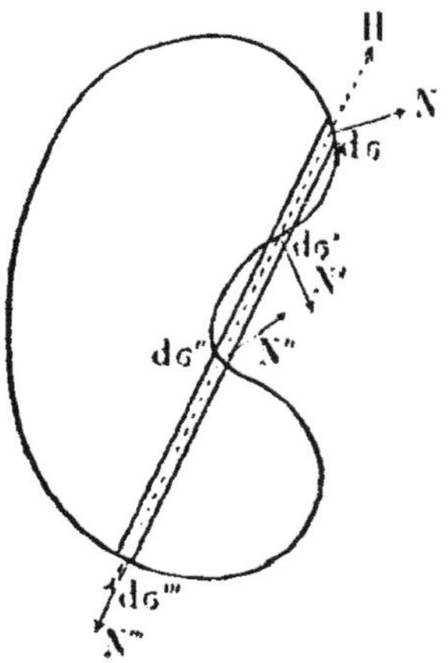

Fig. 13.

Soit S une surface fermée quelconque, placée dans un tel champ, et soit $d\sigma$ un élément de cette surface. Appelons N la demi-normale positive élevée en un point de $d\sigma$. Le flux à travers cet élément a pour valeur :

$$H \cos(H, N)\, d\sigma.$$

Ceci posé, menons par tous les points du contour de $d\sigma$ des parallèles au champ. Nous formerons ainsi un cylindre, dont la section droite α a pour valeur :

$$a = \pm d\sigma \cos (\mathrm{H}, \mathrm{N}),$$

suivant que le cosinus est positif ou négatif.

Ce cylindre découpe sur la surface fermée S des éléments $d\sigma, d\sigma', d\sigma'', d\sigma'''$, ... qui sont en nombre pair. Le flux, à travers chacun d'eux, a alternativement pour valeur

$$+\mathrm{H}a \quad \text{et} \quad -\mathrm{H}a.$$

La somme algébrique des flux qui les traversent est donc nulle.

En découpant la surface S tout entière par une infinité de cylindres parallèles au champ et infiniment déliés, on voit que le flux total est nul.

117. Application. — Il résulte du théorème précédent que le flux à travers une demi-sphère placée dans un champ uniforme est égal en valeur absolue au flux qui traverse le disque qui la ferme.

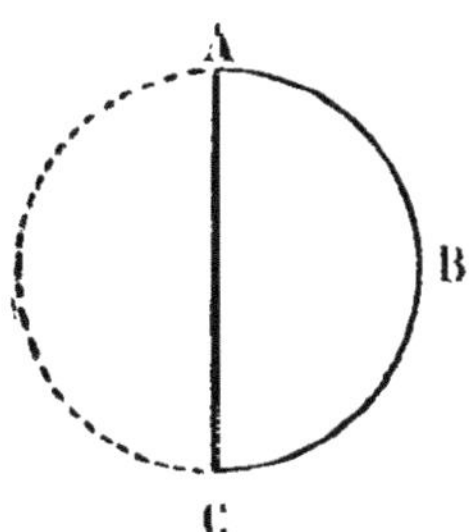

Fig. 41.

Un demi-cercle ABC, tournant autour du diamètre AC d'un angle égal à π, engendre une demi-sphère. Le flux qu'il coupe est donc égal, au signe près, au flux qui traverse la surface du cercle ABCB'.

On voit aussi qu'un cercle tournant de l'angle 2π autour d'un diamètre coupe un flux φ égal à $2\mathrm{SH}$, en désignant par S la surface du cercle et par H la composante du champ normale au plan du cercle.

118. Cerceau de Delezenne. — *Le cerceau de Delezenne* sert à mesurer un champ uniforme. L'appareil se compose d'un cercle conducteur, relié à un circuit où l'on a intercalé un galvanomètre balistique. On fait tourner rapidement le cerceau autour d'un diamètre. Un certain flux est coupé, et l'impulsion donnée à l'aiguille du galvanomètre mesure la quantité d'électricité induite.

Supposons que le cerceau tourne d'un angle égal à $2n\pi$. Appelons S sa surface et H la composante du champ normale au plan du cerceau dans sa position primitive ou finale. Le flux coupé dans un tour sera 2 SH (n° 117), et dans n tours

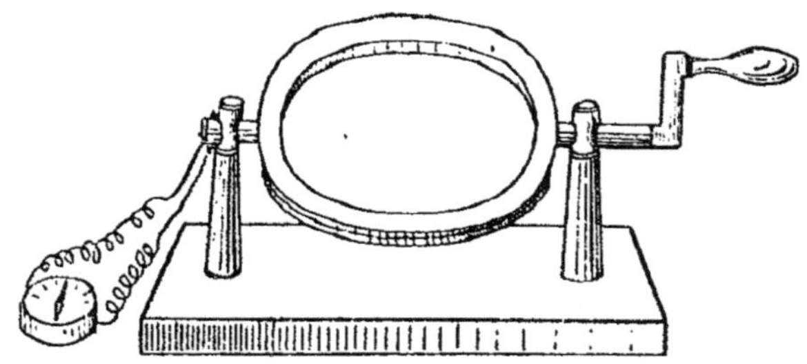

Fig. 45.

$2n$SH. La quantité d'électricité induite, mesurée par le balistique, aura donc pour expression :

$$\int i dt = -\frac{2nSH}{R},$$

en désignant par R la résistance du circuit.

Cette formule fait connaître la composante du champ normalement à un plan arbitraire. En cherchant quelle direction il faut donner au cerceau pour que la quantité d'électricité induite soit maximum, on arrivera à orienter son plan perpendiculairement au champ.

Il est facile de voir que, si l'on connaît le champ H, cette méthode permettra de mesurer une résistance ρ que l'on intercalera dans le circuit du cerceau. La quantité d'électricité induite au bout de n rotations sera :

$$\int i' dt = -\frac{2nS'H}{R+\rho}.$$

On pourra se dispenser de la mesure des surfaces S et S' qu'il serait difficile d'obtenir directement, en opérant une première fois dans un champ connu.

La méthode que nous venons d'exposer permettra, en opérant avec un tout petit cerceau, de mesurer l'intensité d'un champ en ses différents points, ou tout au moins sa valeur moyenne dans un petit espace.

119. Mesure des coefficients de self-induction. — Considérons un pont de Wheatstone ABCD (n° 102), et intercalons dans la branche AB le conducteur dont nous cherchons le coefficient de self-induction L. Soit i l'intensité du courant qui traverse la branche AB, et supposons le pont équilibré. Aucun courant ne passe dans la diagonale BD. Mais, au moment de la fermeture ou de la rupture du courant, une force électromotrice de self-induction, égale à $\pm Li$, se développe entre les points A et B. Si, par un dispositif quelconque, on renverse le sens du courant, la force électromotrice induite par la rupture du courant renversé sera égale à la force électromotrice induite par la fermeture du courant primitif, *et de même sens*. Donc, en fermant le courant, puis en le rompant après l'avoir renversé, on aura développé en tout une force électromotrice d'induction égale à $2Li$. Si l'on répète cette opération n fois par seconde, de façon que le sens du courant de fermeture soit toujours le même, on obtiendra entre les points A et B une augmentation de force électromotrice égale à $2nLi$; et l'aiguille du galvanomètre aura une déviation permanente θ. Augmentons maintenant d'une quantité connue R la résistance de la branche AB, de façon à obtenir avec le courant permanent la même déviation θ du galvanomètre. La différence de potentiel entre A et B aura été augmentée de $2nLi$ dans la première opération, de Ri dans la seconde. Ces deux différences doivent être égales, puisqu'elles produisent la même déviation dans le galvanomètre. On aura donc :

$$2nLi = Ri,$$

et par suite :

$$L = \frac{R}{2n}.$$

§ 6. MESURE DE LA PUISSANCE ET DE L'ÉNERGIE ÉLECTRIQUES

120. Définition. — On appelle *puissance électrique* l'énergie électrique par unité de temps.

La puissance électrique absorbée par un conducteur a donc pour expression ei en désignant par e la différence de potentiel auquel il est soumis et par i l'intensité du courant constant qui le traverse.

Si les quantités e et i étaient variables, on définirait la puissance moyenne P pendant un temps T par l'expression :

$$P = \frac{1}{T} \int eidt.$$

Pour mesurer la puissance électrique, supposée constante, il suffira de mesurer séparément les deux quantités e et i, qui la déterminent. On exprime la puissance en *watts*. Le watt est défini par la relation :

$$w = ei$$

et correspond à une différence de potentiel d'un volt, et à une intensité d'un ampère.

On mesure la puissance électrique d'une façon plus expéditive à l'aide d'appareils nommés *wattmètres*.

121. Wattmètres. — Ces appareils sont souvent constitués par des dynamomètres.

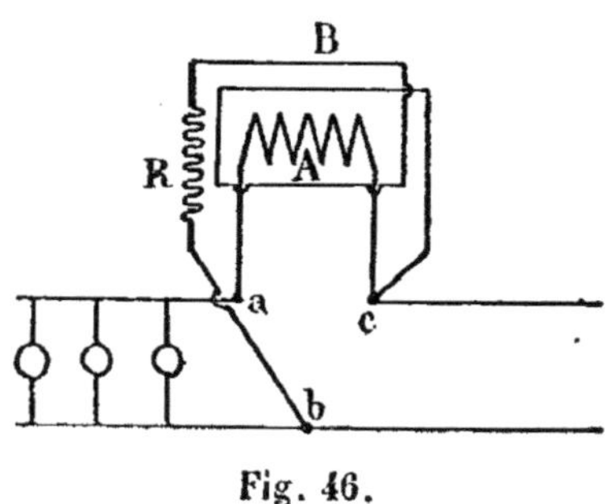

Fig. 46.

Une bobine fixe A, faite de fil très gros dont la résistance r est très petite, est mise en série avec le circuit où est absorbée la puissance à mesurer. Quand le courant traverse la bobine A, il fait dévier une bobine B, mise en tension avec une grande résistance et raccordée en dérivation aux points qui limitent le circuit étudié.

Appelons e la différence de potentiel des points a et b, i l'intensité du courant qui passe en a, R la résistance de la bobine B et du rhéostat additionnel. Le courant qui passera dans la dérivation bc aura une intensité I donnée par la formule ;

$$RI = e + ri,$$

et le couple Γ qui sollicitera la bobine B sera proportionnel aux intensités i et I.

On aura donc :

$$\Gamma = ki\mathrm{I} = ki\,\frac{e + ri}{\mathrm{R}}.$$

Si r est suffisamment petit, on négligera ri devant e, et l'on aura :

$$\Gamma = \frac{k}{\mathrm{R}}\,ei.$$

Ainsi le couple Γ, que l'on mesurera par la torsion d'un fil ou d'un ressort, fera connaître la puissance cherchée ei, en fonction de la constante de l'appareil.

122. Compteurs électriques. — Les *compteurs électriques* sont des appareils destinés à enregistrer l'énergie électrique eit que l'on a dépensée. Dans la plupart des réseaux, la tension e est constante, et l'énergie absorbée est proportionnelle au nombre de coulombs débités. Si l'intensité était rigoureusement constante, il suffirait même de mesurer la durée t du courant, par un appareil à déclanchement par exemple.

123. Coulombmètre Edison. — Le coulombmètre Edison est fondé sur la propriété suivante de l'électrolyse : le dépôt électrolytique est proportionnel à la quantité d'électricité qui a traversé le voltamètre. Edison a employé un voltamètre à sulfate de zinc et à électrodes de zinc. L'accroissement de poids de la cathode fait connaître le nombre de coulombs débités.

Cet appareil est très simple, mais les manipulations qu'il entraîne sont compliquées.

124. Compteur Aron. — Le compteur Aron est constitué par une horloge dont le balancier, en fer doux, se déplace devant une bobine traversée par le courant dont on cherche le débit. On place la bobine de façon que le courant exerce sur le balancier une action retardatrice. Le retard que prend l'horloge es proportionnel à la fois à l'intensité i du courant et à sa durée t, c'est-à-dire à la quantité d'électricité

it qu'il débite. Une deuxième horloge, dont le balancier oscille librement, sert de témoin.

Cet appareil est très ingénieux ; mais ses indications peuvent être faussées par le voisinage d'aimants disposés de façon à accélérer la marche du balancier.

125. Compteur Elihu Thomson. — Le compteur E. Thomson, dont nous nous contenterons d'indiquer le principe, permet de mesurer l'énergie électrique eIt,

ou
$$(V_A - V_B) It,$$

consommée entre deux points A et B d'un réseau. Si l'intensité et les potentiels sont variables, l'énergie absorbée entre les époques t_0 et t_1 a pour expression :

$$\int_{t_0}^{t_1} (V_A - V_B) I dt,$$

et sera encore mesurée par le compteur.

Le courant I utilisé dans le réseau passe dans une bobine, où se trouve un dispositif connu sous le nom d'anneau Gramme, et crée un champ magnétique. L'anneau Gramme est un anneau conducteur à axe vertical ; il est parcouru par un courant dérivé i, et, comme la roue de Barlow, il tourne autour de son axe, par suite d'actions électromagnétiques. Le courant dérivé i est proportionnel à la différence $V_A - V_B$. Le couple moteur qui fait tourner l'anneau est proportionnel au produit Ii ; et, si l'on appelle ω sa vitesse angulaire, le travail qu'il effectue par seconde est proportionnel à ωIi. On dispose sur l'axe de l'anneau un disque de cuivre, dans lequel se développent des courants d'induction, et qui fait l'office de frein capable de donner à l'anneau une vitesse constante pour chaque valeur de I. Si l'on admet, comme l'expérience semble le confirmer, que le travail absorbé par le frein est proportionnel à ω^2, on aura, en désignant par k une constante :

$$\omega Ii = k\omega^2,$$

ou bien :

$$Ii = k\omega.$$

En montant sur l'axe de rotation un système d'engrenages

qui totalise la valeur de $\int \omega dt$, ou le nombre de tours de l'anneau, on connaîtra une quantité proportionnelle à $\int Iidt$, ou à $\int I(V_A - V_B)dt$, expression de l'énergie cherchée.

L'appareil est indépendant du sens du courant I, et se gradue par comparaison.

CHAPITRE VIII

UNITÉS

§ 1. Homogénéité. — § 2. Des différents systèmes d'unités. — § 3. Unités électriques CGS et unités pratiques.

§ 1. HOMOGÉNÉITÉ

126. Rappel des principes. — Rappelons d'abord quelques principes généraux relatifs à l'homogénéité; nous les appliquerons ensuite à l'étude des phénomènes électriques.

On sait que toute formule de physique doit être homogène, c'est-à-dire indépendante des unités de longueur, de masse et de temps : toutes les relations doivent rester vraies, qu'on ait mesuré les grandeurs qui y figurent avec un centimètre ou un mètre, que l'on ait évalué le temps en secondes, en minutes ou en heures.

Quand on définit une nouvelle grandeur mesurable X, on établit une relation entre X et des quantités déjà connues, qui s'expriment toutes en fonction de longueurs l_1, l_2..., de masses m_1, m_2..., et de temps t_1, t_2... En résolvant cette relation par rapport à X, on a :

$$X = f(l_1, l_2, l_3 \ldots, m_1, m_2, m_3 \ldots, t_1, t_2, t_3 \ldots).$$

Pour calculer la valeur numérique x de la grandeur X, on fait choix d'une unité de longueur L, d'une unité de masse M et d'une unité de temps T ; puis l'on remplace dans la formule les l, les m, les t par les nombres λ, μ, τ, qui les mesurent. On obtient ansi la valeur de x :

$$x = f(\lambda_1, \lambda_2, \lambda_3 \ldots \mu_1, \mu_2, \mu_3 \ldots \tau_1, \tau_2, \tau_3 \ldots)$$

en fonction des unités choisies.

Or, la fonction f étant homogène de degré α par rapport aux l, de degré β par rapport aux m et de degré γ par rapport aux t, on a :

$$X = L^\alpha M^\beta T^\gamma f\left(\frac{l_1}{L}, \frac{l_2}{L}, \dots \frac{m_1}{M}, \frac{m_2}{M}, \dots \frac{t_1}{T}, \frac{t_2}{T}, \dots\right)$$

$$= L^\alpha M^\beta T^\gamma f(\lambda_1, \lambda_2, \dots \mu_1, \mu_2, \dots \tau_1, \tau_2, \dots).$$

ou :

$$X = L^\alpha M^\beta T^\gamma x. \quad (1)$$

Les nombres α, β, et γ sont indépendants des unités, et se nomment *dimensions* de X par rapport aux longueurs, aux masses et aux temps.

La formule (1) montre comment varie X en fonction de L, M et T. Si l'on fait un changement d'unités, c'est-à-dire si l'on adopte pour unités de longueur, de masse et de temps d'autres quantités L′, M′ et T′, pour avoir la valeur correspondante x' de X, il suffira de remplacer dans la formule (1) les quantités L, M, et T par les nombres qui les mesurent quand on prend L′, M′ et T′ pour unités.

127. Exemples. — Voici quelques exemples, qui feront comprendre comment on exprime les dimensions des différentes grandeurs.

Pour représenter les dimensions d'une vitesse, on écrit $V = LT^{-1}$, et l'on dit symboliquement : une vitesse est une longueur divisée par un temps.

Une accélération W est une vitesse divisée par le carré d'un temps : $W = LT^{-2}$;

Une force est le produit d'une masse par une accélération : $F = MLT^{-2}$;

Un travail est le produit d'une force par une longueur : $\mathcal{E} = FL = ML^2T^{-2}$.

La formule $U = \mathcal{E}_e - \frac{1}{2}\Delta\Sigma mv^2 + JQ$ montre qu'une énergie a les mêmes dimensions qu'un travail ou qu'une force vive. Il en est de même du produit JQ, où Q représente une quantité de chaleur. Nous rappellerons encore que la différentielle d'une grandeur a les mêmes dimensions que cette grandeur ; un volume est toujours un volume, si petit soit-il.

Un sinus, rapport de deux longueurs, est indépendant des unités. Il en est de même de π, de e, etc., qui sont des nombres.

128. Application à l'électricité. — Nous avons défini les principales grandeurs que l'on rencontre dans l'étude des phénomènes électriques, et donné les relations qui les rattachent entre elles. Mais l'expérience ne nous donne directement que des lois de proportionnalité. Par exemple, si deux courants d'intensités I et I' sont capables de déposer par seconde p et p' grammes d'un métal dans une électrolyse, on saura que l'on a :

$$\frac{I}{I'} = \frac{p}{p'} .$$

On déduit de là :

$$I = \lambda p$$
$$I' = \lambda p',$$

la lettre λ représentant un facteur de proportionnalité.

Aucune expérience ne pourra déterminer la grandeur λ, qui est complètement arbitraire ; et l'on ne connaîtra la mesure i du courant I qu'à un facteur constant près.

Prenons un autre exemple ; et considérons la formule de Coulomb (n° 66) :

$$f = k\frac{qq'}{r^2},$$

qui fait connaître l'attraction de deux charges électriques. L'expérience peut montrer que la force f est proportionnelle à $\frac{qq'}{r^2}$; elle ne nous donnera pas le facteur k. Mais, si nous posons arbitrairement $k = 1$, en faisant dans la formule $q = q'$, il viendra :

$$q = r\sqrt{f},$$

et, si l'on a $r = 1$ et $f = 1$, on aura aussi $q = 1$.

L'unité de charge se trouvera donc définie : *c'est la charge qui repousse avec l'unité de force une charge égale distante de l'unité de longueur.* On pourra désormais calculer la valeur numérique d'une charge quelconque, et l'on connaîtra de plus les *dimensions* de la charge.

La charge une fois définie, les valeurs numériques et les dimensions de toutes les autres grandeurs électriques seront déterminées par les formules qui les lient entre elles. Par exemple, la formule $q = it$ fera connaître l'unité d'intensité, la formule $JQ = Ri^2t$ l'unité de résistance, etc... On aura défini *un système d'unités*, et l'on saura mesurer les différentes grandeurs électriques en *unités absolues*.

On peut définir un système d'unités, en partant d'une expérience ou d'une formule quelconque. Une même grandeur n'aura généralement pas, dans deux systèmes différents, même valeur numérique ni mêmes dimensions ; mais il y aura, entre les grandeurs d'un même système, des relations nécessaires. Nous verrons plus loin que certaines grandeurs peuvent avoir une valeur constante dans tous les systèmes d'unités.

§ 2. DES DIFFÉRENTS SYSTÈMES D'UNITÉS

129. Propriétés communes aux différents systèmes. Vitesse de la lumière. — Nous avons démontré (n° 36) que la force f qui s'exerce entre deux éléments de courants parallèles δs et $\delta s'$ de même intensité i, et distants l'un de l'autre d'une longueur r, est donnée par la formule :

$$f = hi^2 \frac{\delta s \delta s'}{r^2}.$$

On pourrait définir l'intensité i en partant de cette relation, et raisonner de la façon suivante. Quand on se donne $f, \delta s, \delta s', r$, l'intensité i est déterminée *physiquement*, c'est-à-dire que l'on saura régler le courant de façon que la force qui s'exerce entre les éléments δs et $\delta s'$ soit exactement égale à f ; mais i ne sera pas déterminé *mathématiquement*, c'est-à-dire que l'on ne saura pas faire correspondre un nombre au courant que l'on a su créer. On a besoin d'avoir une relation entre $f, \delta s, \delta s', r$ et i, c'est-à-dire de connaître quelles opérations il faut effectuer sur les nombres qui mesurent $f, \delta s, \delta s'$ et r pour en déduire le nombre qui mesure i. On a, par convention, posé :

$$f = hi^2 \frac{\delta s \delta s'}{r^2},$$

et cette formule ne contient plus qu'une arbitraire h. C'est le choix de cette grandeur qui détermine les différents systèmes d'unités actuellement employés.

Si l'on se donne la grandeur h, on la remplacera dans la formule par le nombre qui la mesure ; on fera de même pour les quantités $f, \delta s, \delta s'$ et r^2. La valeur numérique de i sera donc donnée par l'expression :

$$i = r \sqrt{\frac{f}{h \delta s \delta s'}}.$$

Nous avons vu également, quand nous avons exposé la loi de Coulomb (n° 66), que la force f_1 qui s'exerce entre deux charges égales q distantes l'une de l'autre de la longeur r_1 était proportionnelle à $\frac{q^2}{r_1^2}$, et que l'on pouvait écrire :

$$f_1 = k \frac{q^2}{r_1^2}. \tag{2}$$

Comme nous avions déjà défini la quantité d'électricité q en fonction de l'intensité par la formule $q = it$, le facteur k n'était plus arbitraire ; il est déterminé par la formule (2), puisque la quantité q est connue. D'ailleurs, nous aurions pu, en partant de l'expérience de Coulomb, donner à k une valeur arbitraire ; mais alors la constante h de la formule (1) eût été déterminée. Il est intéressant de chercher la relation qui existe entre les grandeurs h et k.

Si dans la formule (1) on se donne $f, \delta s, \delta s'$ et r, on en déduira :

$$hi^2 = \frac{fr^2}{\delta s \delta s'}. \tag{3}$$

On réglera l'intensité i de façon que la force qui s'exerce entre les éléments de courant δs et $\delta s'$ soit égale à f. Le courant i, pendant un temps arbitraire t, débitera une quantité d'électricité $q = it$. Considérons deux charges égales toutes les deux à q, et plaçons-les à une distance r_1 l'une de l'autre.

Une certaine force f_1, qu'il est facile de mesurer, s'exercera entre elles. On connait q, r_1, f_1. La constante k de la formule (2) se trouvera donc déterminée.

En posant $q = it$, et en éliminant i entre les relations (2) et (3), il viendra :

$$\sqrt{\frac{k}{h}} = \sqrt{\frac{f_1}{f}} \frac{\sqrt{\delta s \delta s'}}{r} \frac{r_1}{t}.$$

Le rapport $\sqrt{\frac{k}{h}}$ ne dépend pas de l'intensité i, et a une valeur constante, *quelle que soit la façon dont on choisisse k*. Il est facile de voir que ce rapport a les dimensions d'une *vitesse* ; et l'expérience montre que *cette vitesse est précisément égale à celle de la lumière*. Ce fait remarquable est une conséquence de la théorie de Maxwell, que nous exposerons plus loin.

130. Passage d'un système d'unités à un autre. — Si l'on connait les dimensions des différentes grandeurs dans un système quelconque d'unités, on en déduira facilement les valeurs et les dimensions dans un autre système en égalant les valeurs numériques d'une quantité dans les deux systèmes. Par exemple, une même quantité d'énergie peut avoir pour expression, en réservant les grandes lettres au premier système et les petites au second :

$$U = RI^2t = EIt = EQ = E^2C = ri^2t = eit = eq = e^2c.$$

D'où :

$$\sqrt{\frac{R}{r}} = \frac{E}{e} = \frac{i}{I} = \frac{q}{Q} = \sqrt{\frac{c}{C}} = \lambda,$$

en désignant par λ la valeur commune de ces rapports.

Si l'on connait q, Q, R, E, I, C, on en déduira λ, r, e, i, c.

131. Système électro-magnétique. — Si, dans la formule $f = hi^2 \frac{\delta s \delta s'}{r^2}$, on pose arbitrairement $h = 1$, on définit un système d'unités dit *électro-magnétique*. La quantité d'électricité, dans ce système, a pour dimensions :

$$M^{\frac{1}{2}}L^{\frac{1}{2}}.$$

132. Système électrostatique. — Si, dans la formule $f = k\frac{q^2}{r^2}$, on pose arbitrairement $k = 1$, on définit un système d'unités dit électrostatique, dans lequel la quantité d'électricité a pour dimensions :

$$M^{\frac{1}{2}}L^{\frac{3}{2}}T^{-1}.$$

133. Rapport des unités de quantité électrostatique et électro-magnétique. — Le choix des constantes k et h détermine les unités de quantité électrostatique et électro-magnétique. Il se trouve, par une coïncidence curieuse, que le rapport des unités de quantité électrostatique et électro-magnétique est une vitesse, et que cette vitesse est précisément celle de la lumière. On était d'ailleurs libre de choisir ces deux unités d'une façon quelconque. Il suffisait que l'une d'elles fût arbitraire pour que leur rapport pût être égal à n'importe quelle quantité.

134. Dimensions des différentes grandeurs électriques dans un système quelconque d'unités. — Pour trouver les dimensions des différentes grandeurs électriques dans un système quelconque d'unités S, il suffit de les connaître dans un seul système Σ, et de savoir quel est le rapport λ des valeurs d'une même quantité évaluée successivement dans les deux systèmes S et Σ. Nous déterminerons ici les dimensions des principales grandeurs dans le système électro-magnétique.

Intensité de courant. — La formule $f = i^2\frac{dsds'}{r^2}$ montre qu'une intensité I est la racine carrée d'une force. On a donc :

$$I = L^{\frac{1}{2}}M^{\frac{1}{2}}T^{-1}.$$

Quantité d'électricité. — La quantité d'électricité q est le produit d'une intensité par un temps. On a :

$$q = M^{\frac{1}{2}} L^{\frac{1}{2}}.$$

Résistance. — La loi de Joule donne $JQ = Ri^2t$. Nous avons vu (n° 127) que JQ a les dimensions d'un travail. On a donc :

$$R = LT^{-1}.$$

La résistance a les dimensions d'une vitesse.

Force électromotrice. — On a $E = Ri$. D'où :

$$E = LT^{-1} \times M^{\frac{1}{2}} L^{\frac{1}{2}} T^{-1} = L^{\frac{3}{2}} M^{\frac{1}{2}} T^{-2}.$$

Capacité. — La capacité est le rapport d'une quantité d'électricité à une force électromotrice ou à un potentiel. On a donc :

$$C = \frac{M^{\frac{1}{2}} L^{\frac{1}{2}}}{L^{\frac{3}{2}} M^{\frac{1}{2}} T^{-2}} = L^{-1}T^2.$$

Pour avoir les dimensions de ces différentes grandeurs dans un autre système d'unités, il faudra se reporter aux formules du numéro 130 et multiplier chacune d'elles soit par λ, soit par λ^2, soit par λ^{-1}, etc . . Dans le système électrostatique, λ est une vitesse, celle de la lumière.

135. Tableau des dimensions.

Unités fondamentales

Longueur	L
Masse	M
Temps	T

Unités dérivées mécaniques

Vitesse	LT^{-1}
Accélération	LT^{-2}
Force.	LMT^{-2}
Travail	L^2MT^{-2}
Puissance.	L^2MT^{-3}

Unités électriques dérivées

	Système électro-magnétique	Système électrostatique
Intensité de courant.	$L^{\frac{1}{2}} M^{\frac{1}{2}} T^{-1}$	$L^{\frac{3}{2}} M^{\frac{1}{2}} T^{-2}$
Quantité d'électricité	$L^{\frac{1}{2}} M^{\frac{1}{2}}$	$L^{\frac{3}{2}} M^{\frac{1}{2}} T^{-1}$
Résistance	LT^{-1}	$L^{-1}T$
Force électromotrice ou potentiel.	$L^{\frac{3}{2}} M^{\frac{1}{2}} T^{-2}$	$L^{\frac{1}{2}} M^{\frac{1}{2}} T^{-1}$
Capacité.	$L^{-1}T^{2}$	L
Flux de force magnétique . . .	$L^{\frac{3}{2}} M^{\frac{1}{2}} T^{-1}$	$L^{\frac{5}{2}} M^{\frac{1}{2}} T^{-2}$
Perméabilité magnétique . . .	1	$L^{-2}T^{2}$
Coefficient d'induction. . . .	L	$L^{-1}T^{2}$
Pouvoir inducteur spécifique . .	$L^{-2}T^{2}$	1

§ 3. UNITÉS ÉLECTRIQUES C.G.S. ET UNITÉS PRATIQUES

136. Unités électriques C.G.S. et unités pratiques. — Nous avons défini toutes les grandeurs électriques dont nous avons parlé en fonction de longueurs, de masses et de temps. On mesure chacune d'elles à l'aide d'une unité qui lui est propre, et que l'on nomme *unité électrique C.G.S.* L'unité électrique C.G.S. correspond aux unités de longueur, de masse et de temps adoptées dans le système C.G.S., c'est-à-dire au centimètre, au gramme et à la seconde. Par exemple, pour déterminer l'unité électrostatique C.G.S. de quantité, on écrit la relation $f = \frac{qq'}{r^2}$, qui peut servir à la définir, et dans cette relation on prend pour f l'unité C.G.S. de force ou la dyne, pour r l'unité C.G.S. de longueur ou le centimètre ; on pose de plus $q = q'$. La quantité q ainsi définie est mesurée par le nombre 1, et l'on énonce ce résultat de la façon suivante : l'unité de quantité électrostatique est une charge qui repousse avec la force d'une dyne une charge égale distante d'un centimètre.

On évaluera de la même façon toutes les unités électriques C.G.S. Cette détermination ne présente aucune difficulté ; et nous ne nous y arrêterons pas davantage. D'ailleurs, ces unités électriques C.G.S., qui semblent les plus naturelles, ne sont et ne peuvent être employées dans la pratique, parce qu'elles ne sont pas dans un rapport convenable avec les grandeurs qu'on rencontre habituellement. Ainsi, dans le système électro-magnétique par exemple, l'unité de capacité serait celle d'une sphère dont le rayon vaudrait plus d'un million de fois le rayon de la terre ; au contraire l'unité de force électromotrice serait à peine la cent-millionième partie de la force électromotrice des piles usuelles. On a donc été conduit à adopter dans la pratique des unités plus grandes ou plus petites que les unités C.G.S. Nous allons définir ou rappeler les principales d'entre elles.

Unités pratiques. — 1° L'unité d'intensité de courant est l'*ampère*. C'est l'intensité d'un courant capable de déposer 0,001118 grammes d'argent par seconde dans l'électrolyse du chlorure d'argent. L'ampère vaut 10^{-1} d'unité C.G.S.

2° L'unité de résistance est l'*ohm*. C'est la résistance à 0° d'une colonne de mercure de 1 mm² de section et de 100,3 centimètres de longueur. C'est à peu près la résistance de 100 mètres de fil télégraphique en fer de 4 millimètres de diamètre. Un ohm vaut 10^9 unités C.G.S., et, lorsqu'il est traversé par un courant d'un ampère, il dégage par seconde $\frac{1}{J}$ calories.

3° L'unité de force électromotrice ou de différence de potentiel est le *volt*. C'est la force électromotrice développée dans un conducteur dont la résistance est d'un ohm et que traverse un courant d'un ampère. Un volt vaut 10^8 unités C.G.S.

4° L'unité de quantité d'électricité est le *coulomb*. C'est la quantité que débite par seconde un courant d'un ampère. Le coulomb vaut 10^{-1} d'unité C G.S.

5° L'unité de capacité est le *farad*. C'est la capacité d'un condensateur dont les armatures prennent une différence de potentiel d'un volt pour une charge d'un coulomb. Le farad vaut 10^{-9} d'unité C.G.S.

6° L'unité de travail est le *joule*. C'est l'énergie calorifique dégagée par seconde dans une résistance d'un ohm traversée par un courant d'un ampère. Le joule vaut 10^7 unités C.G.S. ou 10^7 ergs.

7° L'unité de puissance est le *watt*. C'est une puissance capable de produire un joule par seconde. Le watt vaut 10^7 unités C.G.S.

On emploie souvent les préfixes *méga* et *micro* pour désigner des unités secondaires un million de fois plus grandes ou plus petites que l'unité principale. Par exemple, le *mégohm* vaut 10^6 ohms ; le *microfarad* vaut 10^{-6} farads.

Nous rappellerons que le *kilogrammètre* vaut 981.10^5 ergs ou à peu près, 10^8 ergs. Le joule, qui vaut 10^7 ergs, est donc à peu près le dixième du kilogrammètre. Le watt, qui produit un joule ou bien sensiblement un dixième de kilogrammètre par seconde, vaut donc 0,1 : 75 = 0,0013 chevaux-vapeur.

137. Valeurs comparatives des différentes unités. — Le tableau suivant indique combien les unités pratiques les plus employées valent d'unités C.G.S. soit électrostatiques, soit électro-magnétiques. Le nombre v qui y figure, et qui est égal à la vitesse de la lumière exprimée en unités C.G.S., a pour valeur 3.10^{10}.

L'ohm vaut 10^9 U. électrom. C.G.S. ou $10^9 : v^2$ U. électrost. C.G.S.

Le volt vaut 10^8 U. électrom. C.G.S. ou $10^8 : v$ U. électrost. C.G.S.

L'ampère vaut 10^{-1} U. électrom. C.G.S. ou $10^{-1}.v$ U. électrost. C.G.S.

Le coulomb vaut 10^{-1} U. électrom. C.G.S. ou $10^{-1}.v$ U. électrost. C.G.S.

Le farad vaut 10^{-9} U. électrom. C.G.S. ou $10^{-9}.v^2$ U. électrost. C.G.S.

Tableau de comparaison des unités d'énergie. — L'erg vaut 10^{-7} joules, $1,019.10^{-8}$ kilogrammètres, $2,4061.10^{-11}$ grandes calories, $2,4061.10^{-8}$ petites calories.

Le joule vaut 10^7 ergs, 0,1019 kilogrammètre, $2,4061.10^{-4}$ grandes calories, 0,24061 petite calorie.

Le kilogrammètre vaut 981.10^5 ergs, 9,81 joules, $2,3612.10^{-3}$ grandes calories, 2,3612 petites calories.

La grande calorie vaut 415.10^8 ergs, 4155 joules, 423,4 kilogrammètres, 1000 petites calories.

La petite calorie vaut 415.10^5 ergs, 4,155 joules, 0,4255 kilogrammètres, 0,001 grande calorie.

Tableau de comparaison des unités de puissance. — L'unité C.G.S. de puissance vaut 10^{-7} watt, $1,359.10^{-10}$ cheval-vapeur.

Le watt vaut 10^7 unités C.G.S., $1,359.10^{-3}$ cheval-vapeur.

Le cheval-vapeur vaut 735, 75.10^7 unités C.G.S., 735,75 watts.

Ainsi le cheval-vapeur est à peu près les 3/4 du kilowatt.

Le Horse Power anglais (HP) est de 75,9 kilogrammètres par seconde ou à peu près égal au cheval français.

Autres unités de puissance. — Certains industriels emploient d'autres unités de travail, le *kilowatt-heure* (travail exécuté pendant une heure par une machine dont la puissance est de 1 kilowatt), et le *cheval-heure*.

Le kilowatt-heure vaut 36.10^{12} ergs, 3 600 000 joules, 366.840 kilogrammètres.

Le cheval-heure vaut 2648.10^{10} ergs, 2 648 700 joules, 270.000 kilogrammètres.

DEUXIÈME PARTIE

HYPOTHÈSES ET THÉORIES

INTRODUCTION

138. — Dans la première partie, nous avons exposé, indépendamment de toute théorie, les lois fondamentales de l'électricité et les expériences qui servent à les établir. Tout ce que nous avons dit se résume en peu de chose, quelques faits très simples, des définitions, des égalités algébriques.

Mais certains phénomènes, notamment en électrostatique, apparaissent comme isolés et sans lien entre eux. L'électromagnétisme et l'induction nous ont conduit à des formules commodes, mais que nous avons démontrées seulement dans des cas particuliers. Enfin, si les lois fondamentales sont simples, leur application soulève parfois de grandes difficultés mathématiques.

Dans cette seconde partie, nous soumettons au calcul les résultats de l'expérience, et nous montrons les conséquences que l'on peut en tirer.

Nous commençons par exposer une théorie électrostatique qui coordonne des phénomènes en apparence disparates. Puis, en reprenant l'étude de l'électromagnétisme et de l'induction, nous complétons les résultats déjà connus, et nous indiquons la façon d'effectuer des calculs qui se rencontrent dans les applications.

Enfin, nous exposons quelques théories générales, comme celle de Maxwell, qui, bien qu'abstraites, ont eu dans la réalité un retentissement profond, et furent la source d'expériences fécondes et d'applications utiles. Après avoir brièvement résumé l'étude des courants à haute fréquence, la théorie électromagnétique de la lumière, les ondulations hertziennes et la télégraphie sans fil, nous disons quelques mots de la théorie toute récente des électrons, qui aspire à tirer des phénomènes électromagnétiques les axiomes fondamentaux de la mécanique rationnelle.

CHAPITRE IX

THÉORIE MATHÉMATIQUE DE L'ÉLECTROSTATIQUE

§ 1. Potentiel. — § 2. Flux d'induction. — § 3. Applications.

§ 1. POTENTIEL

139. — Nous avons vu (chapitre VI) quel parti on pouvait tirer de l'application de la théorie de l'énergie aux phénomènes électrostatiques, et nous avons donné la définition du potentiel et des surfaces équipotentielles. Nous allons préciser ces notions, et montrer comment on peut les soumettre au calcul.

140. Application de la propriété fondamentale de l'énergie. Potentiel. — Plaçons en un point A d'un champ électrique un petit corps chargé d'une quantité d'électricité positive que nous désignerons par q. Nous supposerons cette charge assez faible pour ne pas troubler la distribution électrique du champ.

Le petit corps sera sollicité par une force F; et l'on représente le champ au point A par un vecteur $\mathcal{E}$, de même direction et de même sens que la force F, et dont la longueur est numériquement égale au quotient $\frac{F}{q}$. Si l'on désigne par X, Y, Z les composantes de la force F suivant trois axes de coordonnées rectangulaires, les composantes du vecteur $\mathcal{E}$ seront :

$$P = \frac{X}{q}, \quad Q = \frac{Y}{q}, \quad R = \frac{Z}{q}.$$

Quand on déplace la charge q pour la transporter du point A en un point quelconque B, la force F effectue un travail $\mathfrak{T}_i$, et l'on a :

$$\mathfrak{T}_i = \int_A^B (Xdx + Ydy + Zdz) = q \int_A^B (Pdx + Qdy + Rdz).$$

L'énergie ΔU fournie au système dans cette opération se réduit à $-\mathfrak{T}_i$, si aucun échange de chaleur n'a lieu entre les conducteurs électrisés du champ (n° 1).

Mais, d'après la propriété fondamentale de l'énergie, dU est une différentielle exacte. Il en est de même de $d\mathfrak{T}_i$. Par suite, il existe une fonction $V(x, y, z)$ telle que l'on ait :

$$(1) \qquad \begin{aligned} P &= -\frac{\partial V}{\partial x}; \\ Q &= -\frac{\partial V}{\partial y}; \\ R &= -\frac{\partial V}{\partial z}. \end{aligned}$$

On écrira donc :

$$d\mathfrak{T}_i = -\, q dV.$$

Pour déplacer du point A, de coordonnées x_0, y_0, z_0, la petite charge q, et pour l'amener au point B, de coordonnées x_1, y_1, z_1, il faudra dépenser un travail $\mathfrak{T}_e$ égal à $-\mathfrak{T}_i$, et l'on aura :

$$\mathfrak{T}_e = -\mathfrak{T}_i = q \int_A^B dV = q \left[V(x_1, y_1, z_1) - V(x_0, y_0, z_0) \right].$$

La fonction obtenue en intégrant les équations (1) n'est définie qu'à une constante arbitraire près. On pourra mettre cette fonction sous la forme d'une somme de deux termes, l'un, $V(x, y, z)$, dépendant des coordonnées x, y, z, l'autre, C, ayant une valeur constante en tous les points de l'espace.

On nomme *potentiel* au point x, y, z, la fonction :

$$V(x, y, z) + C,$$

et l'on détermine la valeur de C de façon qu'à l'infini le potentiel soit nul.

Or, l'expérience montre que, lorsqu'on s'éloigne de tout corps électrisé, le champ devient pratiquement nul ; par suite, la fonction $V(x, y, z)$ varie d'une façon insensible et tend asymptotiquement vers une valeur C_1. On prendra donc la constante C égale à $-C_1$.

Les formules (1) montrent que le champ $\mathcal{E}$, dont les composantes sont $-\frac{\partial V}{\partial x}$, $-\frac{\partial V}{\partial y}$, $-\frac{\partial V}{\partial z}$, est, en chaque point de l'espace, normal à la surface équipotentielle $V(x, y, z) = C^{te}$ passant par ce point.

141. Potentiel d'un conducteur. — 1° *Potentiel à la surface.* — L'expérience montre qu'un petit corps électrisé, placé tout près de la surface d'un conducteur, est attiré (ou repoussé) normalement à cette surface. Le champ $\mathcal{E}$ est donc normal au conducteur. On déduit de la remarque précédente que le conducteur est limité par une surface équipotentielle.

2° *Potentiel à l'intérieur.* — Nous n'avons pas défini le potentiel en un point où l'on ne peut pénétrer pour le mesurer. Néanmoins, on a pu creuser des cavités à l'intérieur de conducteurs, et l'on a reconnu que le champ y était nul : le potentiel était donc constant. De plus, le potentiel a une valeur constante en tous les points d'une surface conductrice. Aussi dit-on que le potentiel est constant à l'intérieur d'un conducteur, et qu'il y est le même qu'en un point quelconque de sa surface. Mais il faut se rappeler que c'est là une simple façon de parler.

142. Potentiel de la terre. — L'expérience montre que la terre joue, dans les phénomènes électriques, le rôle d'un conducteur. Le potentiel d'un point de sa surface est donc le même qu'au centre. Or, il n'y a pas de charge électrique à l'intérieur d'un conducteur. Le centre de la terre est donc très éloigné de tout corps électrisé ; et le potentiel y est pratiquement le même qu'à l'infini ; ce qui montre que le potentiel de la terre est nul.

143. Nouvelle définition du potentiel. — On peut donc définir le potentiel en un point de la façon suivante : *C'est le travail qu'il faut dépenser pour amener de l'infini, ou de la terre, jusqu'en ce point, une petite charge positive, prise pour unité.*

144. Variation du potentiel avec les charges. — L'expérience montre que le champ créé par une charge q est proportionnel à cette charge. Donc, si l'on fait varier toutes les charges d'un système dans le rapport de 1 à n, le potentiel variera simultanément dans le même rapport.

145. Energie d'un système électrisé. — Lorsque l'on charge un système électrisé, on lui fournit par définition une énergie :

$$\Delta U = JQ + \mathcal{E}_e - \frac{1}{2}\,\Delta\Sigma mv^2.$$

Si aucun échange de chaleur n'a lieu entre les conducteurs et si la variation de force vive des corps électrisés est nulle, l'énergie fournie au système est égale au travail que l'on a dépensé pour le charger.

Considérons des conducteurs portant des charges nq, nq', nq''..., dont les potentiels sont respectivement nV, nV', nV''... Si l'on amène simultanément d'un point où le potentiel est nul des charges égales à qdn, $q'dn$, $q''dn$... sur chacun des conducteurs, leurs potentiels respectifs augmentent de Vdn, V'dn, V''dn..., et l'on dépense dans cette opération un travail :

$$d\mathcal{E}_e = n\mathrm{V}qdn + n\mathrm{V}'q'dn + n\mathrm{V}''q''dn + \ldots = \Sigma \mathrm{V}qndn.$$

Donc le travail à dépenser pour porter les charges de la valeur 0 aux valeurs q, q', q'', et les potentiels de la valeur 0 aux valeurs V, V', V'', est égal à :

$$\Delta U = \mathcal{E}_e = \Sigma \mathrm{V}q\int_0^1 ndn = \frac{1}{2}\Sigma q\mathrm{V}.$$

D'après la propriété fondamentale de l'énergie, ce travail est le même quelle que soit la façon dont on a opéré pour charger le système, et se nomme *énergie du système électrisé.*

146. Surfaces équipotentielles. Composantes du champ suivant une certaine direction. — On nomme surface équipotentielle le lieu des points où le potentiel est constant.

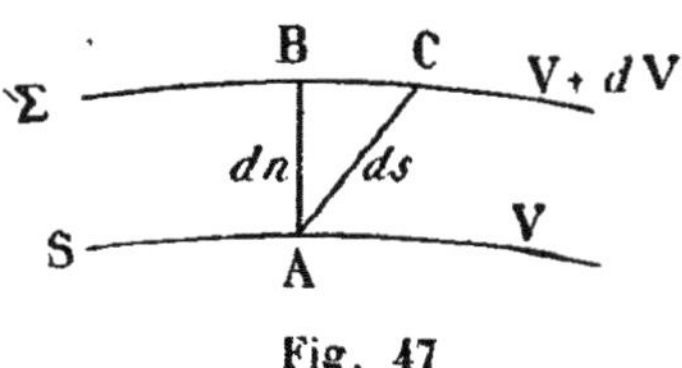

Fig. 47

Soit $V(x, y, z) = C^{te}$ l'équation d'une surface équipotentielle S. Le champ $\mathcal{E}$, en un point A de cette surface, est, comme nous l'avons vu, normal à S.

Considérons une surface équipotentielle Σ, infiniment voisine de S (fig. 47), sur laquelle le potentiel soit inférieur à V et égal à $V + dV$, en supposant $dV < 0$.

D'un point A de la surface, menons une normale à S, dirigée vers la surface Σ, qu'elle perce au point B, et posons $\overline{AB} = dn$.

Si une charge q, placée en A, se déplace sur la normale jusqu'en B, la force F qui la sollicite effectue un travail Fdn, égal à $-qdV$ par définition.

On a donc :

$$\mathcal{E} = \frac{F}{q} = -\frac{dV}{dn},$$

en désignant par $\mathcal{E}$ le champ au point A.

Le champ $\mathcal{E}$ est donc égal à la dérivée du potentiel suivant la normale, et dirigé dans le sens des potentiels décroissants.

Menons du point A un vecteur perçant la surface Σ en C, et posons $AC = ds$.

Si S et Σ sont infiniment voisines, le triangle ABC sera rectangle en B. On aura :

$$\cos(AB, AC) = \frac{dn}{ds},$$

et la projection du champ $\mathcal{E}$ sur la direction AC sera égale à $\mathcal{E}\,\frac{dn}{ds}$ ou à $-\frac{dV}{ds}$.

147. Lignes de force. — On nomme *lignes de force* les lignes qui sont en chaque point tangentes au champ. Ce sont les trajectoires orthogonales des surfaces équipotentielles, et c'est suivant les lignes de force que le potentiel varie le plus rapidement. On leur a donné un sens, qui est celui du champ.

148. Tubes de force. — On nomme *tube de force* une surface engendrée par les lignes de force qui s'appuient sur une courbe fermée. Nous ne considérerons que des tubes de force dont toutes les génératrices sont infiniment voisines les unes des autres ; et nous nommerons *section droite* d'un tube de force la section du tube par une surface équipotentielle.

§ 2. FLUX D'INDUCTION

149. — Nous avons, dans le chapitre VI, fait connaître les principaux phénomènes électrostatiques indépendamment de toute théorie. Ainsi présentés, ces faits ont pu paraître isolés les uns des autres. Nous allons exposer une hypothèse qui établit un lien entre eux.

150. Hypothèse de la continuité du flux d'induction. — Supposons que nous ayons tracé dans un champ électrique les surfaces équipotentielles et les lignes de force. Nous connaîtrons en chaque point la direction du champ, mais nous n'aurons aucun renseignement ni sur sa grandeur, ni sur son sens, ni sur la valeur du potentiel en un point quelconque.

En effet, nous pouvons former l'équation $f(x, y, z, C) = 0$ des surfaces équipotentielles ; mais cela ne détermine pas le potentiel V. Nous savons simplement que dV et dC sont nuls simultanément. On a donc :

$$V = \psi(C),$$

mais nous ne connaissons pas la fonction ψ.

En un point quelconque d'un champ créé par un conducteur, il passe une ligne de force qui aboutit à la surface de ce conducteur. Cela montre que les lignes de force s'écartent les unes des autres, en s'éloignant du conducteur, et que les tubes de force vont en s'épanouissant. Or, plus on s'éloigne du conducteur, plus aussi le champ diminue d'intensité, et plus la section droite des tubes augmente. Il est donc naturel d'admettre, dans une première approximation tout au moins, que ces deux quantités varient en raison inverse l'une de l'autre.

C'est là une hypothèse qu'il serait difficile de vérifier directement avec précision. Nous l'accepterons, parce qu'elle est simple, et qu'elle est confirmée dans toutes les conséquences que l'on en a tirées.

Soit $d\sigma$ la section droite d'un tube de force et $-\frac{dV}{dn}$ le champ en un point de $d\sigma$.

L'hypothèse revient à admettre que le produit $-\frac{dV}{dn}d\sigma$ a une valeur constante tout le long du tube de force. Mais nous avons vu (n° **37**) que cette expression n'est autre que celle du flux de force à travers $d\sigma$.

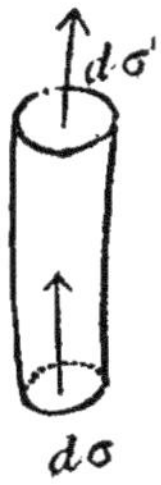

Fig. 48

Le flux à travers la surface latérale d'un tube est nul, puisque le champ est tangent aux lignes de force qu'il définit. Donc, si l'on considère un tube de force limité à deux sections droites $d\sigma$ et $d\sigma'$ (fig. 48), on voit que le flux qui *entre* à travers l'une des bases du tube, comme l'on dit, est égal à celui qui *sort* par l'autre.

Evaluons les charges et le champ dans le *système électrostatique.*

Si l'on a, dans le vide ou dans l'air, le long d'un tube de force :

$$-\frac{dV}{dn}d\sigma = \varphi,$$

dans un autre milieu A, le flux à travers le même tube prendra une valeur différente φ_1, et l'on aura, en désignant par K le rapport $\frac{\varphi}{\varphi_1}$:

$$-\left(\frac{dV}{dn}\right)_1 d\sigma = \varphi_1 = \frac{1}{K}\varphi.$$

La constante K, caractéristique de A, se nomme son *pouvoir inducteur spécifique*. L'expression $\Phi = -\frac{K}{4\pi}\left(\frac{dV}{dn}\right)_1 d\sigma_1$ a reçu le nom de *flux d'induction* (1), et l'on admet que *le flux d'induction est constant le long d'un même tube de force, quels que soient les milieux traversés.*

Cette hypothèse fondamentale résume toute la théorie des phénomènes électrostatiques, comme nous le verrons plus loin.

151. Flux d'induction à travers une surface fermée. — De l'hypothèse précédente, nous allons déduire deux importants théorèmes.

Théorème I. — Si une surface fermée S *ne contient aucun corps électrisé, le flux d'induction total, à travers cette surface, est nul.* En effet, tout tube de force qui entre dans la surface S en sortira (fig. 49) ; et, s'il découpe en entrant un élément $d\sigma$ de cette surface, et, en sortant, un élément $d\sigma'$, on voit, d'après l'hypothèse fondamentale, que la somme algébrique des flux d'induction à travers ces éléments est nulle. En découpant la surface S tout entière de la même façon, on en déduira la proposition énoncée, *quels que soient les milieux traversés.*

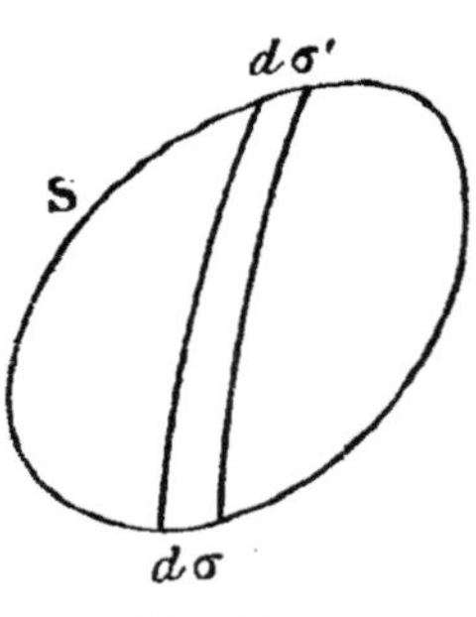

Fig. 49

Théorème II. — Si une surface S *enveloppe une surface fermée* Σ, *le flux d'induction qui sort de* Σ *est égal au flux d'induction qui entre dans* S, *s'il n'y a aucun corps électrisé entre ces deux surfaces.*

Ce théorème se démontre comme le précédent.

Il importe de remarquer que les surfaces S et Σ ne sont pas des surfaces matérielles. Ce sont des surfaces idéales que l'on suppose tracées dans un champ électrique.

(1) On nomme parfois *flux d'induction* la quantité $-K\left(\frac{dV}{dn}\right)_1 d\sigma_1$, qui est égale à $4\pi\Phi$, ou encore à $K\varphi_1$.

152. Formule de Coulomb. Expression du potentiel en fonction des charges. — Dans un milieu homogène, si une charge q est concentrée en un point O, les surfaces équipotentielles seront, par raison de symétrie, des sphères de centre O ; et le flux d'induction aura la même valeur Φ à travers chacune d'elles.

Sur une même sphère équipotentielle S, le champ $\mathcal{E}$ aura la même valeur en tous les points et sera normal à la sphère ; de sorte que, si l'on désigne par r le rayon de la sphère, le flux d'induction aura pour expression :

$$\Phi = \frac{K}{4\pi}\varphi_1 = \frac{K}{4\pi}\mathcal{E}\,4\pi r^2 = Kr^2\mathcal{E}.$$

On en dédura :

$$\mathcal{E} = \frac{1}{K}\ \frac{\Phi}{r^2}.$$

L'expérience montre que le champ $\mathcal{E}$ est proportionnel à la charge q. On choisit le facteur de proportionnalité de façon que dans l'air le champ soit égal à $\frac{q}{r^2}$, en se servant du système électrostatique.

Dans un milieu de pouvoir inducteur spécifique K, le champ aura pour valeur :

$$\mathcal{E} = \frac{1}{K}\ \frac{q}{r^2}.$$

Si l'on place en un point P de la sphère S un corps porteur d'une charge q', ce corps sera sollicité par une force $f = \mathcal{E}q'$, dirigée suivant la droite OP, et l'on aura :

$$f = \frac{1}{K}\ \frac{qq'}{r^2}.$$

La symétrie de la formule montre que la force qui sollicite la charge q est aussi égale à f.

On peut donc dire que, dans un même milieu, deux charges s'attirent ou se repoussent suivant la droite qui les joint, et en raison inverse du carré de leur distance.

En faisant $K = 1$, on retombe sur la formule de Coulomb.

Le champ que nous avons considéré, dont les surfaces

équipotentielles sont des sphères concentriques, pourrait être produit, par exemple, par une infinité de charges réparties uniformément sur une sphère de centre O. Toutes ces charges agissent donc sur une charge extérieure de la même façon que si elles étaient concentrées au point O.

Il est facile de calculer, en un point M de l'espace, le potentiel V, dû à une charge q, située en O à une distance r. On aura, en désignant par P, Q, R les composantes du champ suivant trois axes de coordonnées :

$$V = -q \int_{\infty}^{M} (P dx + Q dy + R dz).$$

Prenons comme origine des coordonnées le point O, et pour axe des x la droite OM. Il viendra :

$$P = \frac{1}{Kx^2}, \quad Q = 0, \quad R = 0 ;$$

et le potentiel sera :

$$V = -\frac{q}{K} \int_{\infty}^{r} \frac{dx}{x^2} = \frac{1}{K} \frac{q}{r}.$$

Le potentiel dû à plusieurs charges q, q', q'',... aura pour expression, en un point M :

$$V = \frac{1}{K}\left(\frac{q}{r} + \frac{q'}{r'} + \frac{q''}{r''} + \ldots\right) = \frac{1}{K} \Sigma \frac{q}{r},$$

en désignant par r, r', r''... les distances du point M aux différentes charges, et par K le pouvoir inducteur spécifique du milieu considéré.

De cette formule se déduit une façon simple de mesurer le potentiel, que nous avons déjà employée au n° 78. Si l'on met en communication lointaine, par un fil métallique fin, un corps électrisé A avec une petite sphère métallique de rayon r, cette dernière reçoit une charge q, et prend le potentiel V du corps. Le potentiel de la sphère est dû uniquement à la charge q, car le corps A est supposé très loin, et le fil fin ne peut porter de charge appréciable (n° 64). Ce potentiel sera le même qu'au centre de la sphère, et aura pour valeur $V = \frac{1}{K} \frac{q}{r}$. Il est donc proportionnel à la charge q, et lui sera égal si l'on a $K = 1$ et $r = 1$.

153. Théorème de Gauss. — Nous venons de voir que tout se passe comme si chaque charge *produisait* un champ en chaque point de l'espace : le champ résultant s'obtient en composant les champs partiels dus à chaque charge. Donc, si nous voulons calculer le flux total à travers une surface fermée, il faut calculer le flux dû à chacune des charges du champ. Or, ce flux varie suivant que la charge est intérieure ou extérieure à la surface.

Si la charge q est extérieure, le flux d'induction est nul, quels que soient les milieux traversés (n° 151).

Si l'on considère un milieu de pouvoir inducteur spécifique K, et si la charge q est intérieure, le flux d'induction sera indépendant de la forme de la surface ; il sera en particulier le même que celui qui traverse une sphère ayant la charge à son centre. Il aura donc pour valeur (n° 152), en désignant par r le rayon de la sphère :

$$\Phi = Kr^2\mathcal{E} = q.$$

Dans le cas particulier où la charge q est sur la surface elle-même, le flux d'induction sera encore indépendant de la forme de la surface. Il sera le même que celui qui traverse une demi-sphère ayant la charge à son centre et supposée limitée par un disque. Le flux d'induction à travers le disque est nul, et à travers la demi-sphère il a pour valeur $\frac{1}{2}q$.

On peut donc énoncer le théorème suivant dû à Gauss :

Si l'on trace dans un champ électrique une surface fermée idéale S *contenue tout entière dans un même milieu, et si l'on appelle* Σq *la somme algébrique des charges intérieures à la surface,* $\Sigma q'$ *la somme algébrique des charges répandues sur la surface, le flux d'induction* Φ *à travers* S *a pour expression :*

$$\Phi = \frac{K}{4\pi}\varphi_1 = \Sigma q + \frac{1}{2}\Sigma q',$$

quelles que soient les charges situées en dehors de la surface.

154. Nouvelle définition de la charge. — Nous avons vu que le flux d'induction qui traverse une surface fermée renfermant une charge q a pour expression $\Phi = q$.

Cette formule, qui fait connaître l'une des deux quantités Φ ou q quand on donne l'autre, peut servir à définir la charge en fonction du flux d'induction.

155. Théorie électrostatique. — L'hypothèse de la continuité du flux d'induction permet d'expliquer la plupart des phénomènes électrostatiques. Nous ne la développerons pas davantage ; mais nous indiquerons quelques-unes de ses conséquences.

Quand un tube d'induction passe d'un milieu A_1 dont le pouvoir inducteur spécifique est K_1 dans un milieu A_2 dont le pouvoir spécifique est K_2, il se réfracte, et les angles α_1 et α_2 qu'il fait dans chaque milieu avec la normale à la surface de séparation sont liés par la relation :

$$\frac{\operatorname{tg} \alpha_1}{\operatorname{tg} \alpha_2} = \frac{K_1}{K_2}.$$

Si le pouvoir inducteur d'un des milieux était infini, les tubes de force y pénétreraient normalement : la surface de séparation serait donc une surface équipotentielle. De plus, dans un pareil milieu, le potentiel serait constant. L'analogie d'un semblable milieu avec un conducteur est manifeste.

Le milieu dans lequel se développent les tubes de force est modifié par la matière pondérable qu'il renferme ; il est tendu suivant la direction des lignes de force et comprimé suivant les directions normales aux leurs. Cette tension et cette pression, par unité de surface, sont toutes deux égales en chaque point à $\frac{K}{8\pi}\left(\frac{dV}{dn}\right)^2$.

Ce milieu renferme de l'énergie, qui peut se manifester sous forme de chaleur ou sous toute autre forme, lorsque le champ vient à varier. Si l'on considère un élément dv de son volume, la quantité d'énergie dU qui y est contenue a pour expression :

$$dU = \frac{K}{8\pi}\left(\frac{dV}{dn}\right)^2 dv.$$

Elle est proportionnelle à la tension du milieu en ce point.

« Un tube de force tend à se raccourcir et à se dilater, comme un fil de caoutchouc que l'on aurait tendu. Pour qu'un tube de force ne se détende pas spontanément, il faut nécessairement que ses extrémités soient attachées à des points situés sur des corps matériels, maintenus fixes dans l'espace. Sans cela, ces corps se rapprocheraient. Les choses se passeront donc comme s'ils s'attiraient.

« Les points d'attache d'un tube de force sont le siège de manifestations spéciales, et l'on dit qu'ils ont reçu des charges électriques. La charge électrique, au point d'attache d'un tube de force, est égale au flux d'induction qui traverse ce tube » (1).

La théorie dont nous venons de faire connaître les grandes lignes est le développement des idées de Faraday. Elle permet d'établir un lien entre les phénomènes à première vue si disparates que nous avons étudiés en électrostatique.

§ 3. APPLICATIONS

156. Généralités. — La connaissance du potentiel en chaque point d'un champ est utile pour étudier les actions qui s'exercent entre les corps électrisés ; le théorème de Gauss permet de déterminer l'intensité électrique en fonction des charges.

Nous allons donner quelques exemples des calculs auxquels conduisent ces théories. Nous calculerons en particulier les capacités des condensateurs les plus employés en fonction des charges et des potentiels.

157. Champ électrique au voisinage d'un conducteur. — Soit M un point d'un champ voisin d'un conducteur électrisé S (fig. 50). Du point M, menons la normale MN, qui rencontre en N le conducteur. Nous allons démontrer que l'intensité électrique en M est deux fois plus grande qu'en N.

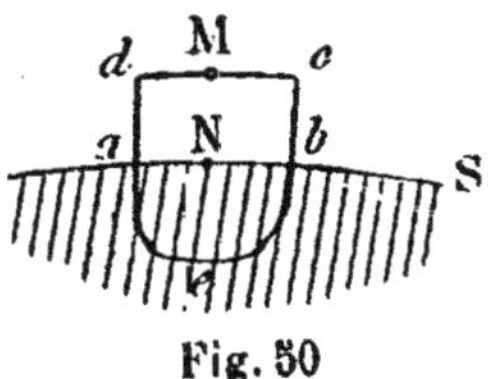

Fig. 50

En effet, considérons un tube de force

(1) M. Leblanc.

comprenant à son intérieur les points M et N. Limitons-le d'un côté par la section droite *dc*, passant par M, et supposons-le terminé dans le conducteur par une surface quelconque *aeb*.

Le théorème de Gauss, appliqué à la surface fermée *daebc* donne, en désignant par $\mathcal{E}_1$ le champ en M, par $d\sigma$ la surface de l'élément *ab* du conducteur et par *dq* la charge de cet élément :

$$\mathcal{E}_1 d\sigma = \frac{4\pi}{K} dq \text{ (1)}.$$

Si les points M et N sont très rapprochés, les sections *dc* et *ab* pourront être considérées comme égales, et l'on aura, en désignant par ε le quotient $\frac{dq}{d\sigma}$, qui représente la densité électrique en N :

$$\mathcal{E}_1 = \frac{4\pi}{K} \frac{dq}{d\sigma} = \frac{4\pi}{K} \varepsilon.$$

Appliquons maintenant le théorème à la surface fermée *aeb*. On aura, en désignant par $\mathcal{E}_0$ le champ en N :

$$\mathcal{E}_0 = \frac{2\pi}{K} \frac{dq}{d\sigma} = \frac{2\pi}{K} \varepsilon.$$

On pourra donc écrire :

$$\mathcal{E}_1 = 2\mathcal{E}_0.$$

Ainsi, *l'intensité électrique, en un point voisin d'un conducteur électrisé, est deux fois plus grande que sur le conducteur lui-même.*

158. Force appliquée à l'unité de surface d'un conducteur. — La force f appliquée à l'unité de surface du conducteur a pour expression :

$$f = \mathcal{E}_0 \frac{dq}{d\sigma}.$$

(1) Cette application du théorème de Gauss est légitime, bien que la surface *aebcd* traverse deux milieux différents, car le champ est nul à l'intérieur du conducteur S.

On pourra donc écrire :

$$f = \frac{2\pi}{K} \varepsilon\varepsilon = \frac{2\pi}{K} \varepsilon^2.$$

Cette force est toujours dirigée vers l'extérieur, et se nomme parfois la *tension électrique*.

159. Distribution électrique équivalente à une distribution donnée. — Considérons un conducteur S, portant une charge q. Soit Σ une surface équipotentielle du champ ainsi créé. Il est possible de répandre par la pensée la charge q sur la surface Σ de façon qu'en tout point extérieur à Σ le champ ne soit pas modifié. La démonstration rigoureuse de cette proposition résulte de travaux mathématiques que l'on a faits sur le potentiel. Néanmoins, on peut s'en rendre compte de la manière suivante ;

Supposons un tube de force, qui découpe sur la surface S un élément $d\sigma$, portant une charge dq. Le flux d'induction est constant tout le long du tube et ne dépend que de la charge de sa base. Or, on peut donner au tube une base quelconque, $d\sigma'$, qui sera découpée sur une surface équipotentielle. Si l'on place, par la pensée, sur cette base $d\sigma'$ la charge dq, le flux d'induction ne changera pas dans le tube. Il en sera de même du champ. On pourra répéter le même raisonnement pour tous les tubes, et leur donner comme nouvelles bases leurs intersections avec une même surface équipotentielle Σ, sur laquelle on aura réparti la charge q. Le champ ne sera pas changé à l'extérieur de Σ, mais les tubes d'induction s'arrêteront à cette surface.

160. Condensateurs plans.— Supposons un condensateur formé par deux disques parallèles, à bords arrondis, A et B. Le conducteur A est électrisé pendant que le conducteur B est relié au sol. Si le disque A porte une charge q, il se développe par influence une charge $-q$ sur la face en regard du disque B (1). Supprimons la communication avec le sol ; le condensateur sera chargé.

(1) Nous supposons que les armatures du condensateur sont suffisamment voisines pour que toutes les lignes de force qui partent du disque A rencontrent le disque B.

Admettons que le champ soit constant dans l'espace compris entre les deux disques et dirigé de A vers B. L'expérience montre d'ailleurs qu'il en est à peu près ainsi. On aura, en désignant par n la distance d'un point quelconque de cet espace au plan du disque A, comptée dans le sens $\overline{AB}$:

$$-\frac{dV}{dn} = \text{Constante}.$$

Soient V_A la valeur du potentiel sur le disque A, V_B le potentiel sur le disque B. Le potentiel V, dans l'intervalle AB, sera donné par la formule :

$$V = V_A + n\,\frac{V_B - V_A}{d},$$

en désignant par d la distance des deux disques, ou l'épaisseur du diélectrique, de pouvoir inducteur K, qui les sépare. Les surfaces équipotentielles seront des plans parallèles.

Le champ au voisinage du disque A (et par suite, en un point quelconque de l'espace intermédiaire, puisqu'on le suppose constant) aura pour expression (n° 157) :

$$-\frac{dV}{dn} = \frac{V_A - V_B}{d} = \frac{4\pi}{K}\varepsilon = \frac{4\pi}{K}\frac{q}{S},$$

en désignant par ε la densité électrique sur le disque A, par q la charge qu'il porte et par S sa surface.

Par définition, la capacité C du condensateur est égale au quotient de la charge q par la différence des potentiels des armatures. C'est aussi la capacité de l'armature A quand l'autre est reliée au sol. On aura donc :

$$(1) \qquad C = \frac{q}{V_A - V_B} = K\,\frac{S}{4\pi d}.$$

La tension électrique sur chaque armature, par unité de surface, est :

$$f = \frac{2\pi}{K}\varepsilon^2 = \frac{K}{8\pi}\left(\frac{V_A - V_B}{d}\right)^2.$$

L'énergie accumulée sur la surface S du condensateur, ou l'énergie qu'il faut dépenser pour établir une différence de potentiel $V_A - V_B$ entre ses deux armatures, a pour expression :

$$\Delta U = \frac{1}{2} C (V_A - V_B)^2 = K \frac{S}{8\pi d} (V_A - V_B)^2.$$

La formule (1) montre que, si l'on appelle C et C' les capacités d'un condensateur correspondant à deux diélectriques de pouvoirs inducteurs spécifiques K et K', on a :

$$\frac{C}{C'} = \frac{K}{K'}.$$

Dans le système électrostatique, on choisit pour unité de pouvoir inducteur spécifique celui de l'air, ou, ce qui revient sensiblement au même, celui du vide. Si C' est la capacité d'un condensateur à lame d'air, on aura $K' = 1$, et $K = \frac{C}{C'}$.

Aussi dit-on souvent que le pouvoir inducteur spécifique d'un diélectrique est le rapport des capacités d'un condensateur ayant successivement pour isolant le diélectrique considéré, ou l'air. Mais c'est là une propriété du pouvoir inducteur spécifique, qui n'est vraie que dans le système électrostatique.

Dans le système électro-magnétique, le pouvoir inducteur a les dimensions de l'inverse du carré d'une vitesse. Celui de l'air ou du vide, en unités C.G.S., a pour valeur :

$$\frac{1}{(3 \times 10^{10})^2}.$$

161. Condensateur cylindrique. — Considérons un condensateur formé par un cylindre métallique A, de rayon R, qu'enveloppe un cylindre conducteur concentrique B, de rayon R'. Soient q et $-q$ les charges que portent par unité de hauteur les armatures. Par raison de symétrie, les surfaces équipotentielles sont des cylindres concentriques aux premiers, et les lignes de force sont des rayons passant par l'axe des cylindres.

Appliquons le théorème de Gauss à un cylindre intermédiaire, qui aura pour rayon r, pour hauteur l'unité, et qui sera limité par deux disques à travers lesquels le flux sera nul. Nous aurons, en remarquant que la surface latérale de ce cylindre est égale à $2\pi r$:

$$-K\frac{dV}{dr}2\pi r=4\pi q.$$

D'où, en intégrant, et en désignant par V_A et V_B les potentiels des deux armatures :

$$-KV=2q\log_e r+C^{te}$$
$$-KV_A=2q\log_e R+C^{te}$$
$$-KV_B=2q\log_e R'+C^{te}.$$

On déduit de là :

$$K(V_A-V_B)=2q\log_e\frac{R'}{R}.$$

La capacité par unité de longueur aura pour expression :

$$C=\frac{q}{V_A-V_B}=K\frac{1}{2\log_e\frac{R'}{R}}$$

et, pour une longueur l,

$$C_l=K\frac{l}{2\log_e\frac{R'}{R}}.$$

Si la différence $R'-R$ est négligeable devant R, on aura sensiblement, en posant $R'-R=d$, et en désignant par S la surface de l'unité de longueur d'un des cylindres :

$$C=\frac{K}{2\log_e\left(1+\frac{d}{R}\right)}=\frac{KR}{2d}=\frac{K\,2\pi R}{4\pi d}=K\frac{S}{4\pi d}.$$

Cette formule était à prévoir. Toutes les fois qu'un condensateur a une lame isolante mince, on peut l'assimiler à un condensateur plan, et la capacité est approximativement $C=K\frac{S}{4\pi d}$, en désignant par S la surface d'une des armatures, et par d l'épaisseur du diélectrique interposé.

162. Capacité des lignes électriques. — Proposons-nous de chercher la capacité, par unité de longueur, d'une ligne formée par deux conducteurs cylindriques parallèles A et B. Il est facile de déterminer la forme des surfaces équipotentielles, qui seront évidemment des cylindres dont les génératrices sont parallèles à la ligne. Il suffira de connaître leurs sections droites.

Cherchons d'abord les potentiels dus à deux droites indéfinies a et b, portant par unité de longueur des charges q et $-q$. D'un point M de l'espace abaissons sur la droite a la perpendiculaire $MH = r_1$. Un élément de droite dx, situé à une distance x du point H donnera naissance, en M, à un potentiel $q\,\dfrac{dx}{\sqrt{r_1^2+x^2}}$. Le potentiel dû à la droite tout entière aura pour expression ;

$$q\int_{-\infty}^{+\infty}\frac{dx}{\sqrt{r_1^2+x^2}}.$$

Soit r_2 la distance de M à la droite b. Le potentiel, en M, dû à cette droite, sera égal à :

$$-q\int_{-\infty}^{+\infty}\frac{dx}{\sqrt{r_2^2+x^2}}.$$

Par suite, nous aurons, pour le potentiel résultant en M :

$$V = q\int_{-\infty}^{+\infty}\left(\frac{1}{\sqrt{r_1^2+x^2}}-\frac{1}{\sqrt{r_2^2+x^2}}\right)dx,$$

ou en effectuant l'intégration :

$$V = 2q\log_e\frac{r_2}{r_1}.$$

Les sections droites des surfaces équipotentielles auront donc pour équation, en coordonnées bipolaires, $\dfrac{r_2}{r_1} = C^{te}$. Or, on sait que le lieu des points tels que le rapport de leurs distances à deux points fixes a et b (fig. 51) soit constant est un cercle ayant son centre sur ab. Les lignes de force sont les trajectoires orthogonales de ces cercles $\dfrac{r_2}{r_1} = C^{te}$. Ce sont des cercles passant par les deux points a et b.

Le flux de force, à travers l'unité de longueur du cylindre projeté suivant un des cercles, C''_1 par exemple, est égal à

$4\pi q$. Supposons cette charge transportée sur le cylindre C''_1, et répartie de manière que la densité superficielle en chaque point soit égale à $-\frac{1}{4\pi}\frac{dV}{dn}$. Supposons que la charge $-q$ soit transportée de la même manière sur le cylindre C'_2.

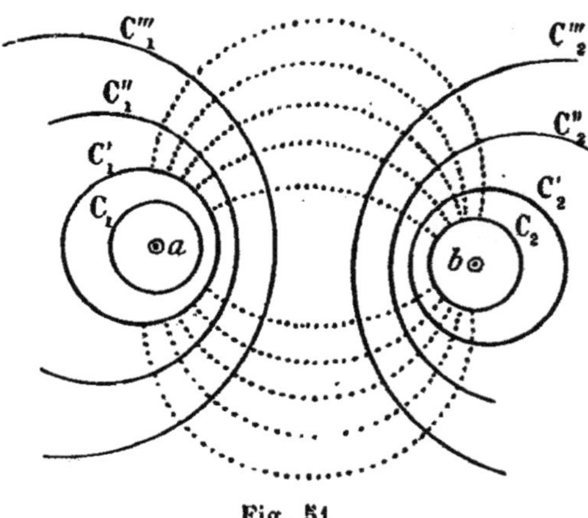

Fig. 51

Rien ne sera changé aux conditions d'équilibre électrique du système, qui continuera à subsister si l'on suppose ces cylindres conducteurs, puisque leurs surfaces sont équipotentielles.

Si l'on désigne par V_1 et V_2 les potentiels de ces deux cylindres, leur capacité électrostatique est, par unité de longueur, égale à :

$$\frac{q}{V_1 - V_2}.$$

Or, il est facile, en se donnant les rayons R_1 et R_2 des deux cylindres, de calculer la distance d de leurs centres, ainsi que la trace des droites électrisées fictives qui produiraient la même distribution des potentiels que les deux cylindres.

Nous n'effectuerons pas ce calcul. Nous nous contenterons d'indiquer que, en tenant compte de la formule

$$V = 2q \log_e \frac{r_2}{r_1}$$

et en posant :

$$\alpha = \frac{d^2 - (R_1^2 + R_2^2)}{2R_1R_2},$$

on trouve, pour la capacité C correspondant à deux cylindres de longueur l :

$$C = \frac{l}{2 \log_e(\alpha + \sqrt{\alpha^2 - 1})}.$$

Cette formule est générale.

En particulier, si l'un des conducteurs est plan, on pourra faire R_2 infini. Nous aurons ainsi la capacité d'un fil cylindrique par rapport à la terre, que l'on assimilera à une surface plane. En désignant par h la distance au sol de l'axe d'un conducteur cylindrique de rayon R, nous aurons $d = R_2 + h$, et quand R_2 croîtra indéfiniment la quantité α tendra vers $\frac{h}{R_1}$.

Nous aurons donc :

$$C = \frac{l}{2 \log_e \left(\frac{h + \sqrt{h^2 - R^2}}{R} \right)}.$$

Dans le système électromagnétique C.G.S., nous aurons, en exprimant C en microfarads :

$$C \text{ microf} = \frac{1}{9 \times 10^5} \frac{l}{2 \log_e \left(\frac{h + \sqrt{h^2 - R^2}}{R} \right)}.$$

CHAPITRE X

COMPARAISONS ET HYPOTHÈSES

§ 1. Analogies hydrauliques. — § 2. Analogies calorifiques. — § 3. Analogies des tubes d'induction et des filets tourbillons. — § 4. Théorie électrocinétique.

163. Généralités. — Pour rendre plus familière l'étude des phénomènes électriques, on a imaginé un certain nombre de comparaisons, destinées surtout à évoquer des images et à soulager la mémoire.

Pour établir une analogie entre des phénomènes différents, on se borne à comparer les formules qui les résument, et à chercher si ces formules peuvent devenir identiques par un changement convenable de notations. Les quantités que l'on considère dans une théorie physique sont généralement en petit nombre. On cherche à les relier par des lois, que l'on exprime au moyen de relations mathématiques. Si l'on assujettit ces formules à être simples, on ne pourra les varier indéfiniment. On retombera souvent sur des polynomes du premier ou du second degré, des sinus, des exponentielles, etc. Il est donc à prévoir que, dans deux théories quelconques, on trouvera des formules identiques. C'est ainsi que les mêmes équations s'appliquent parfois à l'eau, à la chaleur ou à l'électricité.

Lorsqu'une comparaison se poursuit longtemps sans conduire à des inexactitudes, elle prend le nom de théorie. Pas plus qu'une comparaison, une théorie n'a la prétention d'expliquer les choses. C'est simplement une manière de les envisager. Mais un point de vue est toujours arbitraire. D'ailleurs, M. Poincaré a démontré que, lorsque l'on a trouvé une théorie mécanique d'un phénomène, il est toujours possible d'en déduire une infinité d'autres qui satisfont également bien aux données de l'expérience. Expliquer un phénomène, suivant lord Kelvin, c'est inventer une machine capable de le reproduire. Il n'y a aucune raison pour que cette machine soit d'un type unique.

Les analogies que l'on donne d'ordinaire en électricité sont tirées surtout de l'étude de l'hydraulique, de la chaleur et des tourbillons. Nous allons en exposer quelques-unes.

§ 1. ANALOGIES HYDRAULIQUES

164. Potentiel et niveau. — Considérons deux réservoirs cylindriques A et B, de sections C_1 et C_2.

Si l'on verse dans le réservoir A une masse Q_1 de liquide de façon à atteindre un niveau V_1, on pourra écrire, par un choix convenable d'unités :

$$Q_1 = C_1 V_1.$$

Supposons que le réservoir B contienne une masse Q_2 s'élevant à une hauteur V_2, on aura :

$$Q_2 = C_2 V_2.$$

Si l'on fait communiquer ces deux réservoirs par un tube, une certaine quantité de liquide passera de celui où le niveau était le plus élevé dans l'autre, jusqu'à ce que les niveaux s'égalisent et prennent une valeur commune V.

La somme des masses liquides avant et après n'aura pas varié, et l'on aura :

$$C_1 V_1 + C_2 V_2 = (C_1 + C_2) V.$$

L'analogie de ces formules avec celles que nous avons données en électrostatique (n° 79) est manifeste. On peut assimiler le niveau au potentiel, la section C_1 à la capacité, la masse Q_1 à la charge.

Lorsqu'un liquide parcourt une conduite de section uniforme avec une vitesse uniforme, la quantité qui passe par seconde à travers la section droite est constante et proportionnelle à la vitesse. On pourra écrire, en désignant par q le débit et par i la vitesse :

$$q = it.$$

Ici encore nous trouvons une analogie avec les courants électriques, dans lesquels l'intensité peut être assimilée à une vitesse. Nous verrons plus loin que dans certaines théories, comme celle de Maxwell, l'éléctricité est considérée comme un fluide incompressible, ce qui complète l'analogie.

§ 2. ANALOGIES CALORIFIQUES

165. Potentiel et température. — Nous avons déjà montré les analogies qui existent entre les capacités électrique et calorifique. Nous avons aussi remarqué que la chaleur passe par contact des corps chauds sur les corps froids, de même que l'électricité passe d'un conducteur sur un autre dans le sens des potentiels décroissants. Le problème de la distribution des températures est le même que celui de la distribution des potentiels, comme cela résulte de la théorie de la chaleur.

On sait en effet que l'on connaîtra la température $V(x, y, z)$ en un point de l'espace de coordonnées x, y, z, si l'on intègre l'équation différentielle :

$$\frac{\partial^2 V}{\partial x^2} + \frac{\partial^2 V}{\partial y^2} + \frac{\partial^2 V}{\partial z^2} = 0,$$

la fonction V étant assujettie à prendre certaines valeurs V_A, V_B, V_C... sur des surfaces données

Or, nous avons vu que le flux total à travers une surface fermée ne comprenant aucune charge est nul. On a donc :

$$(1) \qquad \Sigma \left(-\frac{dV}{dn} d\sigma\right) = 0.$$

Si l'on appelle V (x, y, z) le potentiel en un point x, y, z, la condition (1) est équivalente à la suivante :

$$\frac{\partial^2 V}{\partial x^2}+\frac{\partial^2 V}{\partial y^2}+\frac{\partial^2 V}{\partial z^2}=0, \qquad (2)$$

comme on le voit à l'aide d'une transformation purement mathématique. Cette équation est connue sous le nom d'*équation de Laplace*. Elle est un cas particulier de l'*équation de Poisson* :

$$\frac{\partial^2 V}{\partial x^2}+\frac{\partial^2 V}{\partial y^2}+\frac{\partial^2 V}{\partial z^2}=-4\pi\varepsilon,$$

ε désignant la densité électrique au point x, y, z. (Pour la démonstration de ces formules, nous renverrons le lecteur au *Traité d'analyse* de MM. Rouché et Lévy, tome II, chapitre IX).

Le potentiel est aussi assujetti à prendre certaines valeurs V_A, V_B, V_C... sur des surfaces conductrices données.

Ainsi, la recherche de la distribution des potentiels et des températures dépend des mêmes conditions, que l'on nomme *conditions de Dirichlet*. On démontre que la fonction V ainsi définie existe et qu'elle est unique. Il y a donc identité entre les deux problèmes.

Ces questions sont du domaine des mathématiques pures, où elles ont donné lieu à des recherches fameuses.

§ 3. ANALOGIE DES TUBES D'INDUCTION ET DES FILETS TOURBILLONS

166. Tubes de force et tourbillons.— On sait que dans un fluide sans frottement prennent naissance des tourbillons, lorsqu'une différence de vitesse se manifeste entre ses divers points. Nous allons rappeler la définition des tourbillons.

Quand un élément A du fluide en mouvement se transforme, dans un temps dt, en un élément infiniment voisin A', on peut passer de l'élément A à l'élément A' par une translation, une rotation et une certaine déformation. On nomme *tourbillon* le vecteur représentant la rotation, *ligne tourbillon* une ligne tangente en chacun de ses points au vecteur tourbillon, et *filet tourbillon* une surface tubulaire engendrée par des lignes tourbillons.

Les tourbillons jouissent d'importantes propriétés, dont voici les principales :

Quand certaines molécules du fluide appartiennent à un instant donné à une même ligne tourbillon, elles appartiennent constamment à une même ligne tourbillon ; le tourbillon se conserve dans un milieu sans viscosité ; il se consomme au contraire dans un milieu visqueux.

Le produit de la section droite d'un tube tourbillon infiniment délié, multipliée par le tourbillon, est constant tout le long du tube. Ce produit demeure aussi constant dans le temps.

Les anneaux de fumée, qui s'entrelacent sans se pénétrer, donnent une image des tubes tourbillons. On peut remarquer le mouvement des couronnes d'hydrogène phosphoré : chaque couronne, en forme de tore, tourne autour de son axe, pendant que chacun des cercles générateurs tourne autour de son centre.

Bien des formules de la théorie des tourbillons présentent une analogie frappante avec celles des champs électriques et magnétiques ; et l'on a fait, entre cette théorie et celles de l'électricité, des rapprochements dans lesquels nous ne pouvons entrer. Remarquons néanmoins que ce qui caractérise un flux d'induction, c'est sa continuité le long des tubes de force dans lesquels il se développe, quelles que soient les déformations subies par ce tube ; c'est sa conservation dans le temps, lorsque le milieu traversé par le tube de force est un diélectrique parfait et sa consommation plus ou moins rapide dans les milieux conducteurs. Les tubes d'induction et les tubes tourbillons jouissent donc de propriétés présentant une grande analogie.

§ 4. THÉORIE ÉLECTROCINÉTIQUE

167. Généralités.— Nous avons vu que l'hypothèse de la continuité du tube d'induction permet de rendre compte de la plupart des phénomènes électrostatiques. Nous allons étendre cette hypothèse aux courants électriques.

La théorie que nous exposons ici n'est autre que celle de Maxwell, sous la forme que lui a donnée M. Maurice Leblanc.

168. Théorie électrocinétique. — On dit qu'un tube de force est le siège d'un courant électrique quand le flux d'induction qui le traverse varie avec le temps. Le flux d'induction qui parcourt un tube de force a la même valeur en tous ses points, quels que soient les milieux qu'il traverse et quelles que soient les déformations subies par ce tube. Il en est encore de même si le flux d'induction d'un tube de force varie. La valeur de ce flux, bien que variant avec le temps, est à chaque instant la même en tous les points du tube.

Si un tube de force est traversé par un flux d'induction variable ayant une valeur q à l'époque t, nous dirons qu'il est parcouru par un courant d'intensité I, cette intensité étant définie par la relation $I = -\frac{dq}{dt}$. L'intensité aura une direction et un sens. La direction sera celle du tube de force, qui est le siège d'une variation de flux. Son sens sera celui du flux q, lorsque la dérivée $\frac{dq}{dt}$ sera négative, et inverse de celui du flux quand la dérivée sera positive.

Nous avons vu que l'intensité d'un courant électrique est la même en tous les points du tube de force qu'il parcourt. C'est la loi de Faraday. De même, le flux d'induction a toujours la même valeur tout le long du tube ; s'il varie en fonction du temps, il varie de la même manière en tous ses points, et la dérivée $\frac{dq}{dt}$ a partout la même valeur.

Un milieu parcouru par un flux d'induction est le siège d'une certaine tension. Mais, de même qu'un ressort perd sa bande avec le temps, cette tension disparaît peu à peu : ce qui revient à dire que ce flux disparaît lui-même. Les deux phénomènes sont comparables, à la rapidité près. Dans les deux cas, l'énergie potentielle, qui était emmagasinée dans le ressort, est consommée sur place et se manifeste sous forme de chaleur.

La rapidité avec laquelle un tube de force perd sa bande avec le temps varie avec la nature du milieu pondérable que traverse ce tube. Lorsque ce milieu est constitué par certains corps dits conducteurs, les métaux en particulier, cette destruction du flux est très rapide. Dans d'autres corps dits diélectriques, le temps que met un flux d'induction à disparaître est très long. Il varie, d'ailleurs, avec un grand nombre de paramètres, température, pression, etc. Il est permis, avec ces corps, de donner à tous les tubes de force une tension considérable, et qui demeure sensiblement constante, pendant un temps assez long, pour que les phénomènes dits de l'électrostatique puissent se manifester.

Si l'on considère un condensateur chargé et isolé de la source électrique, l'expérience montre que le flux d'induction développé dans le milieu qui sépare ses armatures disparaît graduellement, et que, si l'on désigne par q_0 sa valeur initiale, par q sa valeur à l'époque t et par θ une durée déterminée, on a la relation :

$$q = q_0 e^{-\frac{t}{\theta}}.$$

D'où :

$$\frac{dq}{dt} = -\frac{q_0}{\theta} e^{-\frac{t}{\theta}}$$

et, à l'époque $t = 0$:

$$\left(\frac{dq}{dt}\right)_0 = -\frac{q_0}{\theta}.$$

On a d'ailleurs :

$$I = -\frac{dq}{dt} = \frac{q}{\theta},$$

ce qui peut s'énoncer :

L'intensité totale I *du courant qui traverse un milieu déterminé est égale, à chaque instant, au flux d'induction qui tra-*

verse ce milieu, divisé par une durée θ qui varie avec la nature du milieu.

Supposons maintenant qu'une différence de potentiel V soit développée, à un moment déterminé, entre les deux armatures d'un condensateur de capacité C. Le flux q est égal à CV, la capacité C étant une fonction connue de la forme et de la position des armatures, et du pouvoir inducteur spécifique du milieu. Nous aurons :

$$I = -\frac{dq}{dt} = -C\frac{dV}{dt} = \frac{q}{\theta} = \frac{CV}{\theta}.$$

Nous appellerons conductibilité électrique du milieu séparant les deux armatures le rapport $\frac{C}{\theta}$. L'intensité I du courant, qui ira d'une armature à l'autre, sera égale au produit de la différence de potentiel V par la conductibilité du milieu qui les sépare. C'est la loi d'Ohm.

Considérons un élément de tube de force, ayant une section σ et une longueur dl, tracé dans un milieu de pouvoir inducteur spécifique K et parcouru par un flux d'induction égal à q.

Désignons par f la valeur du champ électrique supposé constant le long de la section σ.

On peut dire que l'élément de tube contient une quantité d'énergie qui, en tenant compte des relations :

$$Kf\sigma = 4\pi q,$$

et

$$f = -\frac{dV}{dl},$$

a pour expression :

$$dU = -\frac{1}{2}q\,dV = \frac{K}{8\pi}f^2\sigma\,dl = \frac{1}{2}\left(\frac{4\pi}{K}\right)q^2\frac{dl}{\sigma}.$$

Lorsqu'un flux d'induction disparaît graduellement, par suite de la conductibilité du tube qu'il traverse, nous savons que l'on a :

$$q = q_0 e^{-\frac{t}{\theta}}.$$

L'énergie dU variera donc, en fonction du temps, suivant la loi :

$$dU = \frac{1}{2}\left(\frac{4\pi}{K}\right) q_0^2 e^{-2\frac{t}{\theta}} \frac{dl}{\sigma}.$$

La variation d'énergie de l'élément considéré, pendant l'unité de temps, sera :

$$\frac{d}{dt} dU = -\frac{4\pi}{K\theta} q_0^2 e^{-2\frac{t}{\theta}} \frac{dl}{\sigma}.$$

A l'époque 0, nous avons :

$$\frac{d}{dt} dU = -\frac{4\pi}{K\theta} q_0^2 \frac{dl}{\sigma};$$

et, d'une manière générale :

$$\frac{d}{dt} dU = -\frac{4\pi}{K\theta} q^2 \frac{dl}{\sigma}.$$

Mais nous avons vu que l'on avait $q = \theta i$.
Nous pouvons donc écrire :

$$\frac{d}{dt} dU = -\frac{4\pi\theta}{K} \frac{dl}{\sigma} i^2.$$

La quantité $\frac{4\pi\theta}{K} \frac{dl}{\sigma}$, égale à l'inverse de la conductibilité électrique $\frac{C}{\theta}$, n'est autre que la résistance électrique $d\rho$. On aura donc :

$$\frac{d}{dt} dU = -(d\rho) i^2.$$

L'expérience montre que l'énergie ainsi perdue se dégage sous forme de chaleur le long de l'élément de tube considéré. Nous arrivons ainsi à la loi de Joule.

Cette théorie a reçu des développements considérables ; mais nous bornerons là ce rapide aperçu.

CHAPITRE XI

COURANTS ALTERNATIFS

§ 1. Courants alternatifs. — § 2. Courants sinusoïdaux. — § 3. Transformateurs.

§ 1. COURANTS ALTERNATIFS

169. Courants alternatifs. — On appelle *courants alternatifs* des courants dont l'intensité change périodiquement de sens. On peut produire de semblables courants par la rotation dans un champ magnétique de circuits conducteurs analogues au cerceau de Delezenne.

Si l'on désigne par I l'intensité d'un courant alternatif, on la représentera par une série de Fourier, et l'on pourra écrire :

$$I = I_1 \sin(\alpha t - \varphi_1) + I_2 \sin(2\alpha t - \varphi_2) + \dots \\ + I_n \sin(n\alpha t - \varphi_n) + \dots$$

La quantité $\frac{\alpha}{2\pi}$, où α représente une vitesse angulaire, se nomme la *fréquence* du courant; car l'intensité I repasse par les mêmes valeurs, *en même temps que sa dérivée*, $\frac{\alpha}{2\pi}$ fois par seconde, au bout de temps égaux à $\frac{2\pi}{\alpha}$, qui sont appelés *périodes*.

La période T est donc l'inverse de la fréquence et l'on a :

$$T = \frac{2\pi}{\alpha}.$$

On appelle *phases* des différents termes de la série les quantités $\varphi_1, \varphi_2 ..., \varphi_n$ qui représentent des angles. Le premier terme $I_1 \sin(\alpha t - \varphi_1)$ est le *terme fondamental*. Le n^{me} se nomme l'*harmonique de rang n*.

170. Intensité efficace. — On nomme *intensité efficace* d'un courant alternatif l'intensité I_0 d'un courant constant qui dégagerait dans un conducteur, pendant la durée T d'une période, la même quantité de chaleur.

On aura donc, d'après la loi de Joule :

$$I_0^2 = \frac{1}{T} \int_0^T I^2 dt = \frac{1}{2} \Sigma I_n^2,$$

d'où :

$$I_0 = \sqrt{\frac{\Sigma I_n^2}{2}}.$$

171. Energie communiquée par une source de force électromotrice alternative à un courant alternatif. — Supposons un courant d'intensité I :

$$I = I_1 \sin(\alpha t - \varphi_1) + I_2 \sin(2\alpha t - \varphi_2) + ... \\ + I_n \sin(n\alpha t - \varphi_n) + ...$$

traversant un circuit où est développée une force électromotrice E de même fréquence :

$$E = E_1 \sin(\alpha t - \psi_1) + E_2 \sin(2\alpha t - \psi_2) + ... \\ + E_p \sin(p\alpha t - \psi_p) + ...$$

La quantité d'énergie ΔU fournie, par unité de temps, au courant alternatif par la force électromotrice E aura pour expression, en désignant par T la période $\frac{2\pi}{\alpha}$:

$$\Delta U = \frac{1}{T} \int_0^T IE dt = \frac{1}{2} \Sigma I_n E_n \cos(\varphi_n - \psi_n).$$

172. Mesure des courants alternatifs. — Les courants alternatifs ne donneraient aucune déviation à l'aiguille d'un galvanomètre. On les mesure à l'aide d'un électro-dynamomètre. On se rappelle que les indications de cet appareil sont indépendantes du sens du courant et proportionnelles au carré de l'intensité.

Si l'on appelle T la période, supposée courte par rapport à la durée d'oscillation de l'électro-dynamomètre, celui-ci prendra une déviation permanente égale à celle que lui donnerait un courant I_0 tel què l'on ait :

$$I_0^2 = \frac{1}{T}\int_0^T I^2 dt.$$

La quantité I_0 n'est autre que l'intensité efficace, que nous avons déjà définie. Nous avions trouvé :

$$I_0 = \sqrt{\frac{\Sigma I_n^2}{2}}.$$

§ 2. COURANTS SINUSOIDAUX

173. Courants sinusoïdaux. — On appelle *courants sinusoïdaux* ceux dont l'intensité peut être représentée par le terme fondamental de la série de Fourier :

$$I = I_1 \sin(\alpha t - \varphi_1).$$

L'intérêt de semblables courants est qu'il est très facile de les étudier par le calcul. On peut donc, dans une machine où on les emploiera, connaître d'avance tout ce qui se passera, et n'être exposé à aucune surprise. Au contraire, quand les coefficients de la série sont en nombre illimité, il est difficile de prévoir le rôle des différents harmoniques, qui augmentent parfois l'intensité et le voltage d'une façon dangereuse. On s'efforcera donc de ne jamais avoir affaire qu'à des courants sinusoïdaux. Ces courants jouissent d'ailleurs de propriétés intéressantes.

Nous avons vu que, si un courant variable parcourt un circuit de résistance R, et dont le coefficient de self-induction est L, il se développe une force électromotrice d'induction qui s'oppose à l'établissement du courant et qui a pour expression :

$$-L\frac{di}{dt}.$$

Si l'on admet que la loi d'Ohm est encore applicable à ces courants, on aura la relation :

$$(1) \qquad E - L\frac{di}{dt} - Ri = 0.$$

Supposons que l'intensité i et la force électromotrice E varient suivant la loi sinusoïdale; nous pourrons poser :

$$i = I_1 \sin(\alpha t - \varphi_1),$$
$$E = E_1 \sin(\alpha t - \psi_1);$$

ou, en prenant $\psi_1 = 0$ pour simplifier l'écriture :

$$E = E_1 \sin \alpha t.$$

Remplaçons dans l'équation (1) E, i, $\frac{di}{dt}$ par leurs valeurs, et désignons par T la période $\frac{2\pi}{\alpha}$, nous aurons les relations :

$$\operatorname{tg}\varphi_1 = \frac{\alpha L}{R},$$

et :

$$I_1 = \frac{E_1}{\sqrt{R^2 + \alpha^2 L^2}}.$$

Ces formules montrent que l'on a toujours $\operatorname{tg}\varphi_1 > 0$, c'est-à-dire que la phase φ_1 est inférieure à $\frac{\pi}{2}$. Si l'on représentait par des courbes l'intensité i et la force électromotrice E, le retard de la première courbe sur la seconde serait au plus égal à un quart de période.

174. Intensité et force électromotrice. — L'intensité efficace I_0 du courant sinusoïdal se réduira (n° 172) à :

$$I_0 = \frac{I_1}{\sqrt{2}}.$$

Pour une raison analogue, on désignera par *force électromotrice efficace* la quantité :

$$E_0 = \frac{E_1}{\sqrt{2}}.$$

On aura donc :

$$\frac{E_0}{I_0} = \frac{E_1}{I_1} = \sqrt{R^2 + \alpha^2 L^2}.$$

La quantité $\sqrt{R^2 + \alpha^2 L^2}$ se nomme la *résistance apparente* ou l'*impédance*. Le produit αL est l'*inductance*.

175. Courants polyphasés. — Lorsqu'un système de n conducteurs est parcouru par n courants sinusoïdaux ayant chacun la même intensité maximum et la même fréquence, mais dont les phases diffèrent les unes des autres de $\frac{1}{n}$ de période, on dit que ces courants forment un *système polyphasé*. Les intensités seront représentées par les expressions :

$$i_1 = I \sin \alpha t,$$
$$i_2 = I \sin \left(\alpha t - \frac{2\pi}{n}\right),$$
$$i_3 = I \sin \left(\alpha t - \frac{4\pi}{n}\right),$$
$$\cdots\cdots\cdots$$
$$i_n = I \sin \left[\alpha t - (2n - 2) \frac{\pi}{n}\right].$$

Pour $n = 2$, on dit que les courants sont *diphasés* ; pour $n = 3$, on les nomme *triphasés*. Les courants polyphasés jouissent d'une importante propriété. Pour $n > 2$, la somme $i_1 + i_2 + \ldots + i_n$ est identiquement nulle. C'est ce qu'il est facile de vérifier en appliquant une formule de trigonométrie connue, relative à la somme des sinus d'arcs en progression arithmétique. On déduit de cette propriété que, *si l'on réunit les* n *courants d'un système polyphasé, on obtient un courant résultant nul.* On pourra donc supprimer le fil de retour. Cette propriété ne subsiste plus pour un système simplement diphasé.

§ 3. TRANSFORMATEURS

176. Transport de l'énergie électrique. Transformateurs. — On a souvent besoin de transporter l'énergie électrique sous une forme différente de celle que l'on emploiera. Il est donc commode de pouvoir passer facilement de l'une à l'autre. On a inventé dans ce but des appareils tels que le convertisseur de MM. Leblanc et Hutin, capables de transformer en courant continu ou alternatif un système triphasé, et réciproquement.

Il y a aussi avantage, dans bien des cas, à transformer un courant continu en un autre d'intensité différente. Par exemple, d'après la loi de Joule, un courant traversant un conducteur de résistance R dégage par seconde une quantité de chaleur égale à $\frac{1}{J} Ri^2$. C'est pourquoi, lorsqu'il s'agit de transmettre à distance l'énergie électrique, il se produit dans les lignes un échauffement qui peut leur être nuisible, et qui, dans tous les cas, absorbe en pure perte une partie de l'énergie utilisable. Il y a donc intérêt à réduire l'intensité. Mais l'énergie EIt du courant transformé sera égale à l'énergie eit du courant primitif. On aura donc :

$$EI = ei.$$

Par conséquent, on pourra diminuer l'intensité en augmentant le voltage. On atteint ce résultat à l'aide d'appareils nommés *transformateurs*. L'étude des transformateurs fait partie de l'électricité industrielle. Nous nous contenterons d'en donner ici un exemple.

177. Bobine de Ruhmkorff. — La bobine de Ruhmkorff est un transformateur destiné à produire des courants à *haute tension*, ou à force électromotrice très élevée, à l'aide de courants dont le voltage est faible. Cet appareil se compose d'un *circuit primaire*, peu résistant, enroulé sur un cylindre, et entouré d'un *circuit secondaire* dont la résistance est considérable (fig. 52). Le primaire est parcouru par un courant continu, produit par une pile, que l'on interrompt un grand nombre de fois par seconde à l'aide d'un dispositif

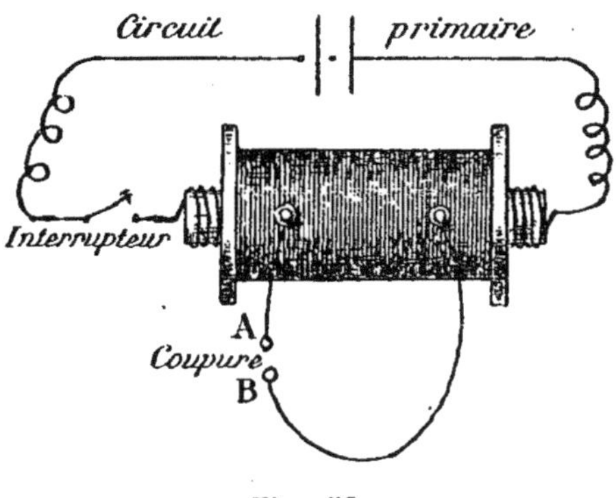

Fig. 52

spécial. Il se développe dans le secondaire des courants d'induction, dont le sens change à chaque fermeture et à chaque rupture. Ce sont des courants alternatifs. La tension en est très élevée, car leur intensité est très faible en raison de la grande résistance de leur circuit (n° 42).

La bobine de Ruhmkorff jouit d'une propriété spéciale : le courant de rupture est beaucoup plus intense que le courant de fermeture. Si l'on ménage une coupure dans le circuit secondaire, en tenant les deux bouts A et B du fil à une faible distance l'un de l'autre, des étincelles jailliront constamment entre A et B, et rendront conductrice la couche d'air qui les sépare. Mais, si l'on écarte davantage les points A et B, l'étincelle due au courant de fermeture ne se produira plus. *Le courant de rupture pourra seul passer*. On aura donc dans le secondaire un courant continu, dont l'intensité variera périodiquement, mais en ayant toujours le même sens.

On a construit des bobines de Ruhmkorff dont le primaire a une cinquantaine de mètres, et le secondaire plus de cent kilomètres. La tension du courant primaire est de quelques volts ; celle du courant secondaire se compte par milliers de volts.

Nous avons vu que l'on utilise la bobine de Ruhmkorff

pour produire les rayons Röntgen, pour illuminer les tubes de Geissler. Nous nous en servirons plus loin pour créer des courants d'une force électromotrice extrêmement considérable.

CHAPITRE XII

THÉORIE MATHÉMATIQUE DE L'ÉLECTROMAGNÉTISME

§ 1. Potentiel magnétique. — § 2. Moments magnétiques et magnétisme. — § 3. Formules diverses.

178. Généralités. — Nous avons étudié expérimentalement, dans le chapitre III, les actions mutuelles qu'exercent entre eux les aimants et les courants, et nous avons vu qu'à l'aide des lois de Laplace et de Maxwell on peut résoudre tous les problèmes de l'électromagnétisme. Mais, si l'expérience permet de poser les équations d'un problème, la solution effective est du domaine des mathématiques pures ; et nous nous proposons, dans ce chapitre, de donner aux relations que nous connaissons déjà une forme à la fois plus imagée et se prêtant mieux au calcul. Nous déduirons des formules plusieurs conséquences importantes, et que l'expérience vérifie ; nous ferons d'utiles rapprochements entre les courants et les aimants ; enfin nous établirons des résultats qui nous serviront dans l'étude de l'induction et de la théorie de Maxwell.

§ 1. POTENTIEL MAGNÉTIQUE

179. Potentiel magnétique. — Nous avons vu, dans l'étude de l'électrostatique, que la connaissance du potentiel permet de déterminer en chaque point le champ électrique. Nous allons montrer qu'il existe, dans l'électromagnétisme, une fonction analogue et que l'on nomme le potentiel électromagnétique.

On sait (n° 28) qu'un élément de courant AB $= ds$, d'intensité i, produit en un point O (fig. 53) un champ H_{ds}, perpendiculaire au plan AOB, et égal à $\frac{ids \sin \alpha}{r^2}$, d'après la loi de Laplace, en désignant par r la distance OA et par α l'angle (AB, OA).

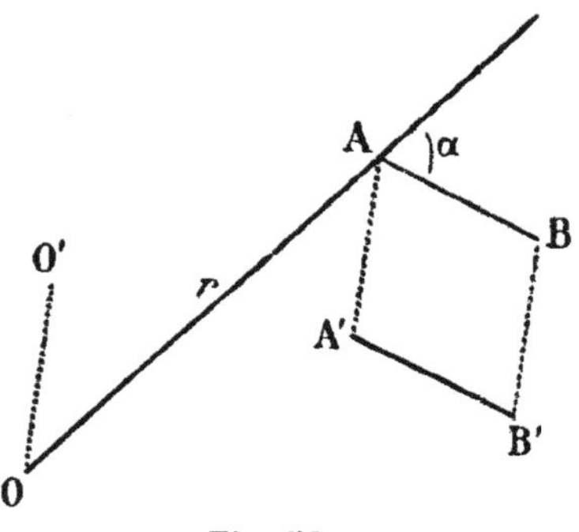

Fig. 53

Si l'élément AB était placé dans un champ magnétique tel qu'au point A le champ fût dirigé suivant la direction OA, et égal à $\frac{1}{r^2}$, AB serait sollicité par une force électromagnétique F, perpendiculaire au plan AOB, et égale à $\frac{ids \sin \alpha}{r^2}$, d'après la loi de Maxwell.

Les deux vecteurs ainsi définis, H_{ds} et F, sont égaux, parallèles et de sens contraires, comme le montre le bonhomme d'Ampère. La connaissance de F entraînera donc la connaissance de H_{ds}.

Or, si dans le champ fictif créé par le point O nous faisons subir à l'élément AB une translation infiniment petite AA', la force F effectue un travail égal à $i d\varphi$ (n° 38), en désignant par $d\varphi$ le flux que coupe l'élément ds. Si ce travail était connu, nous en déduirions la force F. Cherchons donc une expression du flux $d\varphi$.

Par définition, nous avons, en appelant N une demi-normale positive à l'élément de surface ABA'B' :

$$d\varphi = \text{surface (AB, A'B')} \times \frac{1}{r^2} \times \cos (\text{OA, N}).$$

Si l'on appelle $d\sigma$ la projection de cette surface ABA'B' sur un plan perpendiculaire à OA, on a :

$$d\varphi = \frac{d\sigma}{r^2} = \pm\, d\omega,$$

$d\omega$ étant l'angle solide sous lequel on peut voir du point O la surface ABA'B'.

On verra de même que le flux $d\Phi$ coupé par le courant tout entier est égal à l'angle solide $\pm d\Omega$ sous lequel on voit du point O la surface balayée par le courant ; mais $d\Omega$ est aussi égal à la différence des angles solides sous lesquels on voit le circuit C successivement des points O et O', en supposant le vecteur OO' égal à la translation AA', parallèle et de sens contraire.

Le champ H produit au point O par le circuit tout entier s'obtiendra en composant les champs particls, tels que H_{ds}, dus à chacun des éléments du circuit.

L'expression H.OO' cos (H,OO') est numériquement égale à $\pm\, i d\Omega$.

Comptons les angles Ω comme il est expliqué en note (1).

Si l'on construit la surface $\Omega = C^{te}$ passant par le point O,

(1) *Définition et mesure de l'angle solide* Ω. — Considérons le cône de sommet O (fig. 54), qui a pour base le circuit C. Soit Ω la surface découpée par le cône sur une sphère de centre O et de rayon égal à l'unité On dit que le circuit C est vu du point O sous l'angle solide Ω. L'intersection Γ du cône et de la sphère sera la représentation sphérique du circuit. Soit μ le point où une génératrice Om du cône perce la sphère. Quand m se déplace sur C dans le sens du courant, μ se déplace sur Γ dans un certain sens dit positif.

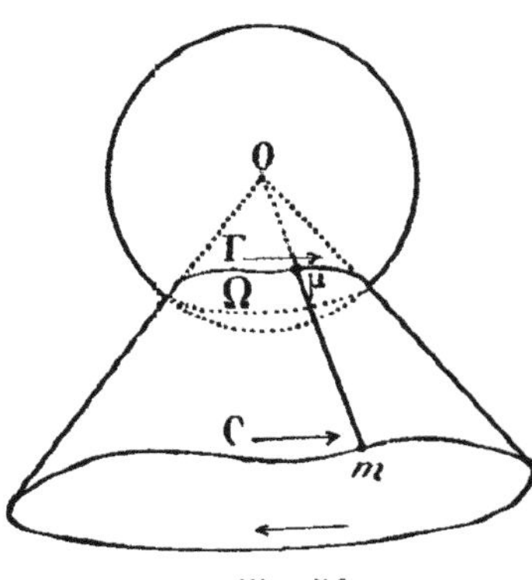

Fig. 54

Le cône partage la surface de la sphère en deux parties qui peuvent mesurer toutes deux l'angle solide. On adopte pour valeur de Ω l'aire située à gauche d'un observateur couché sur la courbe Γ dans le sens positif et regardant l'intérieur de la sphère.

Quand le circuit se déplace de C en C', sa représentation sphérique va de Γ en Γ'. La différence $\Omega - \Omega'$ des angles solides sous lesquels sont vus du point O les circuits C et C' est égale à l'aire comprise sur la sphère entre les deux courbes Γ et Γ'. Cette aire est positive si Γ' est à gauche de l'observateur couché sur Γ.

on voit que le champ H lui est normal en O, et, si la direction OO′ est aussi normale à cette surface, on aura :

$$H = i \frac{d\Omega}{dn},$$

en désignant par dn la longueur OO′, et par $\Omega + d\Omega$ l'angle solide sous lequel on voit le circuit du point O′.

La quantité $-i\Omega$ est appelée parfois le *potentiel magnétique*.

Les surfaces $\Omega = C^{te}$ jouent le même rôle que les surfaces équipotentielles étudiées en électrostatique. La composante du champ, suivant une direction ds, aura pour valeur $\frac{id\Omega}{ds}$.

Néanmoins, nous remarquerons que le potentiel magnétique $-i\Omega$ n'est défini qu'à un multiple près de $4\pi i$.

180. Applications. — I. *Courants sinueux.* — Ajoutons par la pensée à un courant rectiligne C un petit courant fermé C′ ayant avec le premier une partie commune. Si les intensités sont égales et de sens contraires, le courant sera nul dans la partie commune, et l'on pourra la supprimer. On aura donc substitué à un courant rectiligne un courant sinueux.

Considérons comme un infiniment petit du premier ordre la distance de deux points quelconques pris sur le circuit C′; en un point O de l'espace, le potentiel magnétique dû à ce courant fermé, potentiel égal à l'intensité i multipliée par l'angle solide sous lequel on voit le circuit du point O, sera un infiniment petit du second ordre. On ne tiendra pas compte du champ auquel il donne naissance, et l'on conclura qu'un courant sinueux a sensiblement la même action extérieure qu'un courant rectiligne.

II. *Solénoïde.* — Pour calculer le champ produit par un solénoïde, il est commode de décomposer le solénoïde en courants circulaires parallèles. Il suffit, pour cela, de remplacer chaque spire d'hélice par un cercle, augmenté d'une portion de courant égale au pas de l'hélice et parallèle à son axe. Le fil de retour, parallèle et de sens contraire, annulera l'effet de ces portions rectilignes. Les propriétés des courants sinueux montrent que l'on peut ainsi modifier un circuit sans changer sensiblement le champ qu'il produit.

Supposons le solénoïde décomposé en n spires équidistantes, et calculons les variations du champ en un point variable M (fig. 55) qui se déplace sur une droite Z'Z, parallèle à l'axe du solénoïde. La composante du champ suivant Z'Z a pour expression $i\,\frac{d\Omega}{dz}$. Considérons un point M', sur Z'Z, tel que la distance MM' soit égale à la distance de deux spires consécutives. Si le nombre n est très grand, cette distance ε pourra être très petite et nous l'assimilerons à dz. Désignons par Ω_p et Ω'_p les angles solides sous lesquels on voit la p^{me} spire des points M et M'.

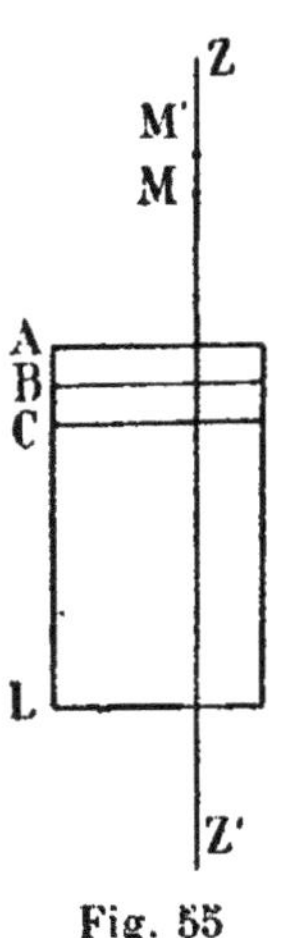

Fig. 55

On a, en comptant les spires de A à L :

$$\Omega_p = \Omega'_{p-1}.$$

Le champ dû à la spire A a pour expression, en désignant par B la spire voisine :

$$i\,\frac{d\Omega}{dz} = i\left(\frac{\Omega'_A - \Omega_A}{dz}\right) = i\left(\frac{\Omega_B - \Omega_A}{dz}\right).$$

Le champ dû à la spire p a pour expression :

$$i\left(\frac{\Omega_{p+1} - \Omega_p}{dz}\right);$$

et le champ produit par le solénoïde tout entier a pour valeur :

$$\frac{i}{\varepsilon}\,(\Omega'_L - \Omega_A).$$

Supposons que, lorsque le point M a la position indiquée sur la figure, un observateur ayant la tête en M voie l'intensité du courant qui parcourt la spire A dirigée dans le sens des aiguilles d'une montre. D'après les conventions faites au numéro précédent, l'angle Ω_A est inférieur à 2π. On dit alors que le point M est du côté *négatif* de la spire. Si M est au centre du solénoïde, l'angle Ω_A est supérieur à 2π, et voisin de 4π si le solénoïde est long ; l'angle Ω'_L est voisin de zéro, et le champ est sensiblement égal à :

$$- 4\pi \frac{ni}{l},$$

en désignant par l la longueur du solénoïde et par n le nombre des spires.

Ainsi, vers le milieu d'un solénoïde allongé, le champ est parallèle à l'axe et à peu près uniforme.

§ 2. MOMENTS MAGNÉTIQUES ET MAGNÉTISME

181. Moment magnétique d'un circuit. — Considérons un circuit fermé ABCD (fig. 56), et décomposons-le par la pensée en deux circuits ABED et DEBC, parcourus dans le même sens par des courants de même intensité. La partie commune BD parcourue par deux courants dont la somme algébrique est nulle, est sans action sur tout point extérieur. Il en résulte que le champ dû au circuit ABCD est la somme

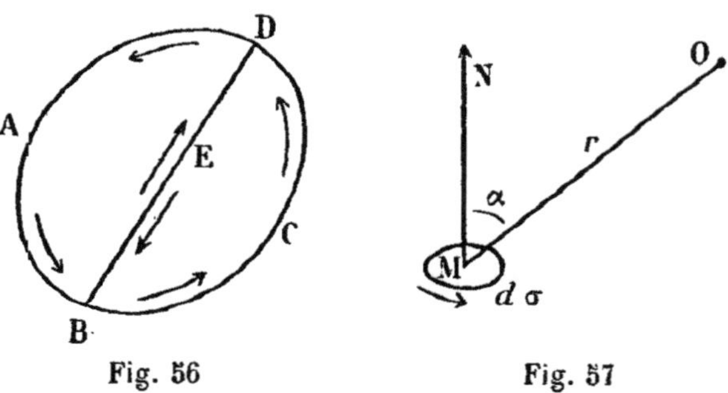

Fig. 56 Fig. 57

géométrique des champs dus à chacun des deux circuits ABED et BCDE. On peut ainsi décomposer un circuit ABCD en une infinité de circuits élémentaires aussi petits que l'on veut, parcourus dans le même sens par un courant de même intensité. Soit $d\sigma$ la surface de l'un d'eux, et M un point intérieur au circuit considéré (fig. 57). Joignons ce point M à un point extérieur O, et menons en M la demi-normale positive MN. On se rappelle que cette demi-normale est dirigée vers la gauche d'un observateur traversé par le courant des pieds à la tête et regardant vers l'intérieur du circuit. Si l'on appelle α l'angle (MO, MN) et r la distance MO, on verra du point O le circuit élémentaire sous un angle solide égal à :

$$4\pi - \frac{d\sigma \cos \alpha}{r^2}$$

ou bien :

$$d\sigma \frac{\cos \alpha}{r^2},$$

suivant que le point O sera du côté positif ou négatif du feuillet.

Le produit $id\sigma$ se nomme *moment magnétique* du circuit élémentaire. Voici la raison de cette appellation :

Supposons un circuit plan C dans un champ uniforme H, et appelons θ l'angle que fait avec H la normale au plan du circuit. Si le circuit C est mobile autour d'un point M de son plan, il sera sollicité par un couple Γ facile à calculer.

En effet, donnons à C un déplacement angulaire $d\theta$.

Les forces électromagnétiques effectuent un travail égal à $id\varphi$.

Or, on a :

$$\varphi = \text{SH} \cos \theta,$$

en appelant S la surface de C. On pourra donc écrire :

$$id\varphi = -i\text{SH} \sin \theta d\theta,$$

et le moment qui tend à faire tourner C sera égal à :

$$\Gamma = i \frac{d\varphi}{d\theta} = -i\text{SH} \sin \theta.$$

Ainsi, dans un champ égal à l'unité, le moment du couple qui sollicitera le circuit C placé parallèlement au champ sera égal à son moment magnétique, puisqu'alors on aura :

$$\text{H} = 1, \ \sin \theta = 1$$

et

$$\Gamma = | i\text{S} | .$$

On représente le moment magnétique d'un circuit plan par un vecteur perpendiculaire au plan du circuit dirigé vers sa face positive, et numériquement égal au produit iS.

Si l'on a affaire à un circuit de forme quelconque, on le décomposera en une infinité de circuits élémentaires, dont chacun sera considéré comme plan. En composant les moments magnétiques de tous ces circuits, comme on compose en mécanique les axes des couples, on obtiendra ce que l'on appelle *le moment magnétique du circuit total.*

182. Magnétisme. — L'analogie des propriétés des aimants et des solénoïdes a déjà été signalée ; les phénomènes d'attraction, de répulsion et d'orientation dans un champ magnétique sont les mêmes pour les solénoïdes et pour les aimants.

On a donc été conduit à supposer qu'un aimant, de même qu'un solénoïde, est formé par un grand nombre de courants parallèles, et que chacun de ces courants se subdivise en courants élémentaires, comme nous l'avons expliqué (n° 181).

Dans cette hypothèse, on rendrait suffisamment compte des propriétés des aimants. Le fer doux serait parcouru par une infinité de petits courants, d'orientation quelconque ; *la résultante de leurs moments magnétiques serait nulle.* Le phénomène de l'aimantation consisterait à orienter tous ces courants élémentaires, de façon que la résultante de ces moments fût égale au moment magnétique total.

Lorsqu'un corps a, comme un aimant, des propriétés particulières dans une certaine direction, on dit qu'il est *polarisé.*

Dans le calcul du champ extérieur produit par un courant d'intensité i, on pourra décomposer le circuit total en une infinité de circuits élémentaires de surfaces $d\sigma$ et remplacer chacun d'eux par un petit aimant planté normalement à son plan et de moment magnétique $id\sigma$.

On aura ainsi remplacé le circuit primitif par un *feuillet magnétique.*

On dit qu'un feuillet magnétique a une face *positive* et une face *négative.* La face positive est à la gauche du bonhomme d'Ampère traversé des pieds à la tête par le courant et regardant à l'intérieur du circuit.

183. Flux de force magnétique. — Par raison de symétrie, les lignes de force produites par un élément de courant AB sont des cercles dont la droite AB est l'axe ; les tubes de force seront des surfaces de révolution. Par un raisonnement que nous avons déjà fait, on voit que le flux qui entre dans la base d'une portion de tube est égal au flux qui sort par l'autre base. On en déduit que le flux dû à l'élément AB est nul à travers toute surface fermée. On étendra sans peine le raisonnement au courant tout entier.

L'analogie que nous avons signalée entre les aimants et les courants montre que, dans un champ magnétique produit par un nombre quelconque d'aimants ou de courants, *le flux de force à travers toute surface fermée est nul.*

Rappelons néanmoins que les effets produits par les aimants et par les courants ne sont identiques que pour les points de l'espace *extérieurs* à l'aimant, et même assez éloignés.

§ 3. FORMULES DIVERSES

184. — Nous allons, pour finir ce chapitre, donner quelques formules qui peuvent être utiles dans les applications pratiques, et dont nous nous servirons plus loin dans l'étude de l'induction et dans l'exposé de la théorie de Maxwell.

185. Travail correspondant au déplacement relatif de plusieurs circuits. — Quand un circuit C, parcouru par un courant d'intensité i, se déplace dans un champ magnétique, le travail $\mathfrak{T}$ des forces électromagnétiques est le produit de l'intensité par la variation du flux qui traverse le circuit. Si le champ est produit par un courant C', d'intensité i', le flux φ est proportionnel à i', et l'on a :

$$\varphi = i'\mathfrak{M},$$

en désignant par $\mathfrak{M}$ un coefficient qui ne dépend que des formes et des positions relatives des deux circuits. La valeur numérique de ce coefficient est égale à celle du flux qui traverse le circuit C quand l'intensité i' est égale à l'unité.

On aura :

$$\mathfrak{T} = i\Delta\varphi = ii'\Delta\mathfrak{M}.$$

Cette expression est symétrique en i et i'. Le travail ne dépendra que des intensités i et i', et de la variation de $\mathfrak{M}$.

Si l'on a en présence plusieurs circuits a, b, c, etc., qui se déplacent, le travail des forces électromagnétiques sera égal à :

$$\mathfrak{T} = \Sigma i_a i_b \Delta \mathfrak{M}_{ab},$$

ce qu'on écrit :

$$\mathfrak{T} = \frac{1}{2} \Delta \left[i_a (i_b \mathfrak{M}_{ab} + i_c \mathfrak{M}_{ac} + \ldots) + i_b (i_a \mathfrak{M}_{ba} + i_c \mathfrak{M}_{bc} + \ldots) \right.$$
$$\left. + i_c (\ldots) \ldots \right].$$

La première parenthèse $(i_b \mathfrak{M}_{ab} + i_c \mathfrak{M}_{ac} + \ldots)$, représente le flux φ_a, à travers le circuit a ; la seconde, le flux φ_b, à travers le circuit b ; et ainsi de suite.

On pourra donc écrire d'une façon abrégée :

$$\mathfrak{T} = \frac{1}{2} \Sigma i \Delta \varphi.$$

186. Travail correspondant à la self-induction. — Cette formule subsiste dans le cas d'un seul circuit C parcouru par un courant d'intensité i. Le flux qui traverse C, dû au courant i lui-même, a pour valeur $\varphi = i\mathfrak{L}$, en désignant par $\mathfrak{L}$ le flux correspondant à $i = 1$.

Dans les déformations du circuit C, les forces électromagnétiques effectuent un travail égal à :

$$\mathfrak{T} = \frac{1}{2} i \Delta \varphi = \frac{1}{2} i^2 \Delta \mathfrak{L}.$$

187. Expression du travail total. — Quand deux circuits se déplacent et se déforment dans un champ magnétique, le flux qui traverse le premier a pour expression $i\mathfrak{L} + i'\mathfrak{M}$. Le flux qui traverse le second est égal à $i\mathfrak{M} + i'\mathfrak{L}'$. Les coefficients $\mathfrak{L}$ et $\mathfrak{L}'$ dépendent de la forme de chaque circuit. $\mathfrak{M}$ dépend de leurs formes et de leurs positions relatives. Le travail total aura pour expression :

$$\mathfrak{T} = \frac{1}{2} \Sigma i \Delta \varphi = \frac{1}{2} i^2 \Delta \mathfrak{L} + i i' \Delta \mathfrak{M} + \frac{1}{2} i'^2 \Delta \mathfrak{L}'.$$

188. Théorème de Stockes. — Le flux d'un vecteur $\mathfrak{B}$ à travers une surface S limitée par une courbe C peut s'exprimer par l'intégrale de ligne d'un vecteur $\mathcal{A}$ prise le long de la courbe C.

Soient a, b, c les composantes de $\mathcal{B}$, et F, G, H les composantes de $\mathcal{A}$ suivant trois axes rectangulaires.

En posant :

$$(1)\qquad \begin{aligned} a &= \frac{\partial H}{\partial y} - \frac{\partial G}{\partial z} \\ b &= \frac{\partial F}{\partial z} - \frac{\partial H}{\partial x} \\ c &= \frac{\partial G}{\partial x} - \frac{\partial F}{\partial y}, \end{aligned}$$

on aura :

$$\int_C (Fdx + Gdy + Hdz) = \int\int_S (adydz + bdzdx + cdxdy),$$

ou bien :

$$\int_C \mathcal{A} \cos(\mathcal{A}, ds)ds = \int\int_S \mathcal{B} \cos(\mathcal{B}, N)d\sigma,$$

en désignant par N la demi-normale positive à l'élément $d\sigma$.

Pour la démonstration de cette identité, dont Maxwell fait un fréquent usage, nous renverrons le lecteur au *Traité d'analyse* de MM. Rouché et Lévy (tome II, chapitre IX).

Nous nous contenterons de remarquer que le vecteur $\mathcal{A}$, défini par le système (1), n'est pas complètement déterminé. On pourra ajouter à ses composantes celles d'un autre vecteur dont l'intégrale de ligne s'annulera suivant la courbe C.

169. Densité de courant. — Quand un courant d'intensité i parcourt un conducteur de section σ, on dit que le courant a une densité $\frac{i}{\sigma}$. On représente cette densité par un vecteur, numériquement égal au quotient $\frac{i}{\sigma}$ et dirigé suivant le sens du courant.

La densité de courant est, en d'autres termes, la quantité d'électricité qui passe par seconde à travers l'unité de surface perpendiculaire au courant.

Nous allons déterminer ce vecteur $\mathcal{K}$ par ses composantes u, v, w, suivant trois axes rectangulaires.

Nous avons vu que le vecteur H, qui représente le champ

dû à un courant d'intensité i, a pour expression $\frac{id\Omega}{dn}$. L'intégrale de ligne de H, prise le long d'une courbe fermée enlaçant une fois le courant, a pour valeur $4\pi i$.

Appelons α, β, γ les composantes de H, et écrivons que l'intégrale de ligne de ce vecteur, prise le long du contour d'un élément de surface σ, traversé par un courant de densité $\frac{i}{\sigma}$, est égale à $4\pi i$. Nous aurons :

$$4\pi u = \frac{\partial \gamma}{\partial y} - \frac{\partial \beta}{\partial z}$$
$$4\pi v = \frac{\partial \alpha}{\partial z} - \frac{\partial \gamma}{\partial x}$$
$$4\pi w = \frac{\partial \beta}{\partial x} - \frac{\partial \alpha}{\partial y}.$$

Nous nous contenterons d'indiquer ces formules, dont on trouvera la démonstration dans un *Traité d'analyse*. Nous nous en servirons plus loin dans l'exposé de la théorie de Maxwell.

CHAPITRE XIII

THÉORIE MATHÉMATIQUE DE L'INDUCTION

§ 1. Formule fondamentale de l'induction. — § 2. Théorie de Maxwell.
§ 3. Applications des phénomènes d'induction.

190. Généralités. — Nous avons exposé, dans la première partie, les phénomènes fondamentaux de l'induction et montré comment ils peuvent se résumer dans une formule unique. Cette formule, nous l'avions établie dans un cas particulier : nous en donnerons ici une démonstration générale. Nous ferons connaître ensuite l'intéressante théorie de Maxwell, qui applique les équations de Hamilton aux phénomènes électriques, et traite un système de courants comme un système matériel à liaisons complètes. Nous terminerons enfin par des applications théoriques et pratiques ayant trait à la décharge oscillante d'un condensateur, aux courants de Tesla, à la vitesse de propagation de l'électricité et à l'amélioration des lignes téléphoniques.

§ 1. FORMULE FONDAMENTALE DE L'INDUCTION

191. Application de la loi d'Ohm. Equation du courant. — Considérons un circuit où l'on a intercalé une pile de force électromotrice E. La fermeture du circuit fait naître une force électromotrice de self-induction, qui s'oppose à l'établissement du courant. La force électromotrice totale aura pour expression :

$$E - L\frac{di}{dt},$$

en désignant par L le coefficient de self-induction du circuit.

Si l'on admet qu'on peut encore appliquer à cette force électromotrice la loi d'Ohm, on a, en désignant par R la résistance du circuit :

$$(1) \qquad E - L\frac{di}{dt} = Ri.$$

Donc, avant que le régime stable soit établi, et pendant tout le temps que dure la self-induction, l'intensité i sera donnée par l'intégration de cette équation différentielle.

Si q représente une quantité d'électricité, l'expression $i = \frac{dq}{dt}$ représente la *vitesse* avec laquelle cette quantité passe à travers la section droite du circuit.

La relation (1) peut s'écrire :

$$E - L\frac{d^2q}{dt^2} - R\frac{dq}{dt} = 0.$$

« L'analogie de cette équation avec celle d'une machine simple à liaisons complètes est manifeste. E correspond aux forces appliquées, puissance et résistance ; $-L\frac{d^2q}{dt^2}$ à la force d'inertie ; $-R\frac{dq}{dt}$ à la force de frottement. Comme en mécanique, la puissance, la résistance, la force d'inertie et les résistances passives se font équilibre. Comme en mécanique, on formera l'équation de l'énergie en multipliant les deux membres de l'équation d'équilibre dynamique par la différentielle du déplacement électrique $dq = idt$; ce qui donne :

$$Edq - d\,\frac{1}{2}L\left(\frac{dq}{dt}\right)^2 - R\left(\frac{dq}{dt}\right)^2 dt = 0.$$

Edq est l'excès de l'énergie fournie par les générateurs sur l'énergie absorbée par les récepteurs ; $\frac{1}{2}L\left(\frac{dq}{dt}\right)^2$ est l'énergie électrocinétique analogue à la force vive. Comme la force vive, elle est proportionnelle au carré de la vitesse $\frac{dq}{dt}$;

comme la force vive d'un volant, elle s'oppose à la mise en marche et à l'arrêt, s'emmagasinant dans la première période pour se dépenser dans la deuxième. Enfin, Ri^2dt est l'énergie dépensée en chaleur de Joule par la résistance passive Ri, analogue au frottement (1) ».

192. Application du principe de l'énergie. Démonstration de la formule fondamentale de l'induction. — Nous avons vu que, lorsque deux courants C et C′, d'intensités i et i', sont en présence, les forces électromotrices induites dans les deux circuits par leurs déplacements, leurs déformations et la variation de leurs intensités, sont :

Pour le circuit C :

$$-\frac{d}{dt}(Li + Mi')$$

et pour le circuit C′ :

$$-\frac{d}{dt}(Mi + L'i'),$$

en désignant par L et L′ les coefficients de self-induction, et par M le coefficient d'induction mutuelle des deux circuits.

Supposons les courants i et i' fournis par des piles de forces électromotrices E et E′, et calculons l'énergie $dU = JdQ - d\varpi_i$ fournie au système pendant le temps dt.

Soient R et R′ les résistances des deux circuits.

Le circuit C reçoit pendant le temps dt la quantité de chaleur $\frac{1}{J}(Eidt - Ri^2dt)$, en désignant par $\frac{1}{J}Eidt$ la chaleur voltaïque, et par $\frac{1}{J}Ri^2dt$ la chaleur produite par le circuit en vertu de la loi de Joule.

Si l'on suppose que la loi d'Ohm est encore applicable, on aura :

$$E - \frac{d}{dt}(Li + Mi') = Ri.$$

D'où l'on tire :

$$Eidt - Ri^2dt = id(Li + Mi').$$

En répétant le même raisonnement pour le circuit C′, on

(1) Extrait du très intéressant ouvrage de M. Carvallo, *L'Electricité déduite de l'expérience et ramenée au principe des travaux virtuels.*

voit que l'énergie Jdq fournie à l'ensemble des deux circuits a pour expression :

$$\begin{aligned} Jdq &= Eidt - Ri^2dt + E'i'dt - R'i'^2dt \\ &= id(Li + Mi') + i'd(Mi + L'i'). \end{aligned}$$

Quant au travail des forces intérieures $d\mathfrak{T}_i$, c'est, comme nous l'avons déjà vu, le travail des forces électromagnétiques. Nous avions trouvé pour son expression :

$$d\mathfrak{T}_i = \frac{1}{2}(i^2d\mathfrak{L} + 2ii'd\mathfrak{M} + i'^2d\mathfrak{L}').$$

Nous aurons donc :

$$\begin{aligned} dU = Jdq - d\mathfrak{T}_i &= id(Li + Mi') + i'd(Mi + L'i') \\ &- \frac{1}{2}(i^2d\mathfrak{L} + 2ii'd\mathfrak{M} + i'^2d\mathfrak{L}'). \end{aligned}$$

D'après la propriété fondamentale de l'énergie, dU est une différentielle exacte. Mais, pour pouvoir écrire les conditions d'intégrabilité, il faut chercher quelles sont les variables indépendantes.

On peut se donner arbitrairement i, i', L, M, L', car on peut supposer à chacune de ces quantités une valeur différente sans changer les autres.

Le coefficient d'induction L dépend uniquement de la forme du circuit C. Il en est de même de la quantité $\mathfrak{L}$, qui représente le flux à travers ce circuit, lorsque l'intensité i est égale à l'unité.

Or, l'expérience montre, dans des cas particuliers, que, lorsqu'on déforme le circuit de façon que $\mathfrak{L}$ reste constant, L ne varie pas. Nous admettrons donc, d'une façon générale, que $\mathfrak{L}$ est fonction de L et $\mathfrak{L}'$ fonction de L'.

Le coefficient d'induction mutuelle M dépend uniquement de la forme et de la position relative des deux circuits. Il en est de même de $\mathfrak{M}$. Nous supposerons que l'on peut considérer $\mathfrak{M}$ comme fonction de M, et nous écrirons :

$$\begin{aligned} dU = (Li + Mi')\,di + (Mi + L'i')\,di' + i^2\left(1 - \frac{1}{2}\frac{d\mathfrak{L}}{dL}\right)dL + \\ + ii'\left(2 - \frac{d\mathfrak{M}}{dM}\right)dM + i'^2\left(1 - \frac{1}{2}\frac{d\mathfrak{L}'}{dL'}\right)dL'. \end{aligned}$$

Les conditions d'intégrabilité donnent d'abord :

$$\frac{\partial}{\partial L}(Li + Mi') = \frac{\partial}{\partial i} i^2 \left(1 - \frac{1}{2}\frac{d\mathfrak{L}}{dL}\right),$$

ou :

$$dL = d\mathfrak{L},$$

et, comme $\mathfrak{L}$ et L s'annulent en même temps :

$$\mathfrak{L} = L.$$

On aura de même :

$$\frac{\partial}{\partial L'}(Mi + L'i') = \frac{\partial}{\partial i'} i'^2 \left(1 - \frac{1}{2}\frac{d\mathfrak{L}'}{dL'}\right),$$

d'où l'on déduira :

$$\mathfrak{L}' = L' ;$$

et :

$$\frac{\partial}{\partial M}(Li + Mi') = \frac{\partial}{\partial i} ii' \left(2 - \frac{d\mathfrak{M}}{dM}\right),$$

d'où l'on déduira :

$$\mathfrak{M} = M.$$

Les autres conditions d'intégrabilité se trouveront satisfaites d'elles-mêmes.

Ainsi les coefficients de self-induction L et L′ et d'induction mutuelle M sont numériquement égaux aux *flux* dont nous avons donné l'expression (n° 185), les intensités i et i' étant supposées égales à l'unité.

Nous avions examiné dans la première partie le cas d'un circuit se déplaçant dans un champ magnétique produit par des aimants. Le raisonnement que nous venons de faire s'applique à la déformation et au déplacement de deux courants. On peut l'étendre presque sans modification au cas de plusieurs courants ; et l'on démontre ainsi que, *dans un champ magnétique quelconque*, la force électromotrice induite dans un conducteur de résistance R, soit par déformation du circuit, soit par variation du champ, a pour expression :

$$E_i = -\frac{1}{R}\frac{d\varphi}{dt},$$

en désignant par $d\varphi$ la variation, pendant le temps dt, du flux qui traverse le circuit.

§ 2. THÉORIE DE L'INDUCTION DE MAXWELL

193. Théorie de l'induction de Maxwell. — Maxwell considère les courants électriques à travers les circuits conducteurs comme formés par le déplacement d'un fluide impondérable. La position d'une molécule d'électricité qui parcourt un circuit linéaire C est parfaitement déterminée, si l'on connaît la position du circuit dans l'espace et la longueur de l'arc parcouru par cette molécule depuis un temps donné. La vitesse v de l'électricité peut se définir par la quantité d'électricité qui traverse pendant l'unité de temps l'unité de section du conducteur. Elle sera donc égale, en désignant par σ la section droite du conducteur, à :

$$v = \frac{dq}{\sigma dt} = \frac{idt}{\sigma dt} = \frac{i}{\sigma}.$$

Mais cette vitesse a aussi pour expression :

$$v = \frac{ds}{dt},$$

en désignant par s l'arc parcouru par une molécule du fluide électrique.

On aura donc :

$$\frac{i}{\sigma} = \frac{ds}{dt}$$

ou bien :

$$idt = \sigma ds.$$

On aura donc :

$$q = \int idt = \int \sigma ds,$$

et, comme σ est une fonction de s, q est aussi une fonction de l'arc : c'est une coordonnée qui détermine la position d'une molécule du fluide impondérable dans le circuit. Quant au circuit lui-même, sa position dans l'espace est déterminée par un certain nombre de paramètres, $p_1, p_2 \ldots, p_n$.

Maxwell applique au système formé par les circuits et le fluide impondérable qui les parcourt le principe du travail virtuel et les équations de Hamilton. Nous traiterons la question en nous servant des équations de Lagrange, plus familières au lecteur français.

Nous rappellerons que ces n équations sont de la forme :

$$\frac{d}{dt}\frac{\partial T}{\partial p_i'} - \frac{\partial T}{\partial p_i} = P_i,$$

en désignant par T l'énergie cinétique, par p_i les n paramètres qui fixent la position du système, par p_i' la dérivée de p_i par rapport au temps, et par P_i le coefficient de δp_i dans l'expression

$$P_1\delta p_1 + P_2\delta p_2 + \ldots + P_i\delta p_i + \ldots + P_n\delta p_n$$

du travail correspondant à un déplacement virtuel du système.

Pour simplifier l'écriture, bornons-nous au cas de deux circuits C_1 et C_2, et supposons C_1 seul mobile et animé d'un mouvement de translation rectiligne.

Les paramètres définissant notre système seront au nombre de trois.

D'abord le paramètre p, déterminant la position du circuit C_1, puis les paramètres q_1 et q_2, définissant, dans chacun des deux circuits, la position des molécules du fluide électrique, dont les vitesses sont i_1 et i_2.

T est une fonction quadratique des vitesses, et l'on aura :

$$T = \frac{1}{2}[mp'^2 + L_1 i_1^2 + 2M i_1 i_2 + L_2 i_2^2].$$

L'identité des coefficients L_1, M et L_2 avec les coefficients d'induction résultera de la suite de la théorie.

Maxwell montre que les termes en $p'i$ ne peuvent figurer dans cette expression, et l'expérience confirme ce résultat.

Supposons que dans les circuits soient intercalées deux piles de forces électromotrices E_1 et E_2, et calculons le travail virtuel du système.

Dans les idées de Maxwell, la force électromotrice E_1 est une force qui agit sur le fluide impondérable, et produit un travail $E_1 \delta q_1$, pour un déplacement δq_1 des molécules de fluide. Mais le milieu oppose au mouvement de ces molécules une résistance dont le travail se retrouve sous forme de chaleur, donnée par la loi de Joule, $Ri^2 dt$ ou $Ri\delta q_1$.

Donc, pour le circuit C, le travail du fluide électrique est :

$$(E_1 - R_1 i_1)\delta q_1,$$

et pour l'ensemble des deux circuits :

$$(E_1 - R_1 i_1)\delta q_1 + (E_2 - R_2 i_2)\delta q_2.$$

Le travail relatif aux molécules matérielles du circuit ne dépend que de la coordonnée p et a pour expression $P\delta p$, en désignant par P la force qui agit sur le circuit mobile.

Le travail virtuel total aura donc pour expression :

$$(E_1 - R_1 i_1)\delta q_1 + (E_2 - R_2 i_2)\delta q_2 + P\delta p.$$

Or on a :

$$T = \frac{1}{2}(mp'^2 + L_1 i_1^2 + 2M i_1 i_2 + L_2 i_2^2).$$

Les équations de Lagrange seront donc, pour les paramètres q_1, q_2 et p :

$$(1) \qquad E_1 - R_1 i_1 = \frac{d}{dt}(L_1 i_1 + M i_2),$$

$$(2) \qquad E_2 - R_2 i_2 = \frac{d}{dt}(L_2 i_2 + M i_1),$$

$$(3) \qquad P = mp'' - \frac{dM}{dp} i_1 i_2.$$

Pour avoir l'équation de l'énergie, on ajoutera ces équations respectivement multipliées par dq_1, dq_2, dp. On aura :

$$(E_1 - R_1 i_1)dq_1 + (E_2 - R_2 i_2)dq_2 + Pdp = dT.$$

Or, il serait facile de voir d'après les équations (1) et (2) qu'à la force électromotrice appliquée $E_1 - R_1 i_1$, s'ajoute une force électromotrice qui lui fait équilibre, égale à

$$-\frac{d}{dt}(L_1 i_1 + M i_2),$$

et que c'est la dérivée changée de signe du flux qui traverse le circuit C_1. Alors on comprendra la signification des coefficients L_1, M et L_2. On verrait aussi d'après l'équation (3) qu'à la force appliquée P s'ajoutent, pour lui faire équilibre, la force d'inertie $-mp''$ et la force $\frac{dM}{dp} i_1 i_2$ qui n'est autre que la force électromagnétique donnée par la loi de Maxwell.

Pour plus de détails, nous renverrons le lecteur au traité même de Maxwell, où est développée cette belle et profonde théorie.

§ 3. APPLICATIONS DES PHÉNOMÈNES D'INDUCTION

194. Décharge oscillante d'un condensateur. — Considérons un condensateur de capacité C. Soient V la différence de potentiel entre ses armatures et CV sa charge.

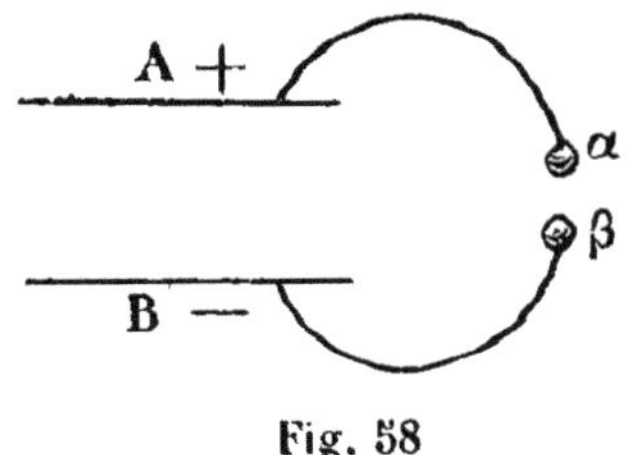

Fig. 58

Si l'on décharge le condensateur en faisant communiquer les armatures A et B par deux conducteurs α et β (fig. 58), un courant d'intensité variable i prend subitement naissance dans ces conducteurs et provoque une force électromotrice de self-induction

$$-L\frac{di}{dt}.$$

L'équation du courant sera, en désignant par R la résistance des conducteurs α et β et de la petite couche d'air située entre leurs extrémités :

$$E - L\frac{di}{dt} - Ri = 0.$$

La force électromotrice E n'est autre que la différence de potentiel V entre les armatures. La quantité d'électricité dq, débitée pendant le temps dt par le courant i, a pour expression $dq = -CdV$, car elle est égale à la perte de charge du condensateur.

On a donc :

$$i = \frac{dq}{dt} = -C\frac{dV}{dt}.$$

L'équation du courant deviendra :

$$V + RC\frac{dV}{dt} + LC\frac{d^2V}{dt^2} = 0.$$

C'est une équation linéaire à coefficients constants, dont l'intégration est particulièrement intéressante dans le cas où l'on a :

$$CR^2 - 4L < 0.$$

Une solution est alors donnée par la formule :

$$V = V_0 e^{-\frac{R}{2L}t} \cos\frac{2\pi}{T}t,$$

T étant déterminé par l'équation :

$$\frac{4\pi^2}{T^2} = \frac{1}{LC}\left(1 - \frac{R^2C}{4L}\right).$$

Si R^2C est très petit, et L très grand, on négligera le terme $\frac{R^2C}{4L}$, et l'on aura, pour l'expression de la période du cosinus :

$$T = 2\pi\sqrt{LC}.$$

Cette formule est due à lord Kelvin.

L'équation :

$$V = V_0 e^{-\frac{R}{2L}t} \cos\frac{2\pi}{T}t$$

est celle d'un mouvement pendulaire amorti, et l'amortissement n'est pas rapide si la valeur du coefficient de self-induction L est considérable. Le courant qui circule dans les conducteurs est périodiquement renversé, et ce phénomène constitue une sorte d'oscillation électrique.

Avec certains dispositifs, on peut obtenir des décharges de période excessivement courte, de l'ordre du cent-millionième de seconde, qui jouissent des propriétés les plus intéressantes. Nous allons en exposer les principales.

195. Expériences de Tesla. — Si l'on excite le primaire P d'une bobine (fig. 59) par les courants alternatifs qui se produisent dans la décharge oscillante d'un condensateur, on obtient sur le secondaire S des courants induits alternatifs qui ont même fréquence que les décharges et dont la force électromotrice peut être extrêmement considérable. On chargera le condensateur à l'aide d'une bobine de Ruhmkorff B, en ménageant dans le circuit une coupure I qui ne laissera passer que le courant direct.

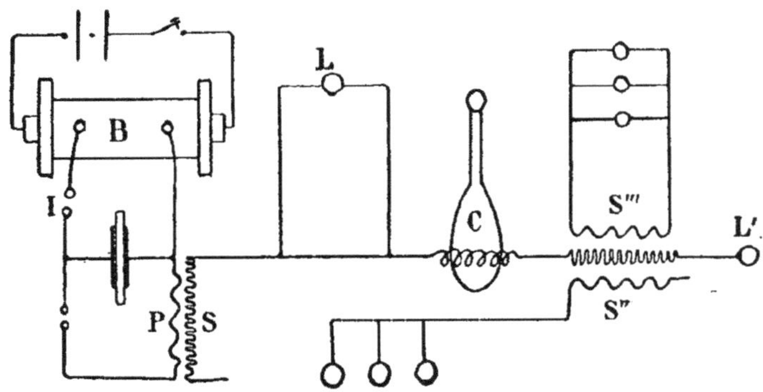

Fig. 59. — Expériences de Tesla.

Les courants ainsi produits peuvent avoir une force électromotrice de plusieurs centaines de milliers de volts. L'expérience montre qu'ils jouissent de la propriété très remarquable d'être *transmissibles par un seul fil* : le fil S peut être ouvert ; tout se passe comme si le courant se fermait dans l'air.

Les effets d'induction de ces courants sont considérables. Une lampe L, placée en dérivation sur le fil unique de distribution, s'allume. Elle s'allume encore si elle fait partie d'un circuit plan C, dont l'aire ne soit pas nulle, et qui soit placé à une certaine distance du fil S, perpendiculairement aux lignes de force du champ.

Si l'on met une des extrémités du fil S à la terre, et si l'autre communique avec une sphère de charbon formant l'électrode unique d'une ampoule de verre à gaz raréfié L', l'électrode s'illumine vivement et l'on a de la sorte une lampe unipolaire.

Les courants produits sur le fil S peuvent induire à leur

tour sur les fils S′ et S″ d'autres courants à haute fréquence, qui jouissent des mêmes propriétés.

Notons enfin que ces courants produisent des effets variés de phosphorescence, d'incandescence des corps solides et d'illumination des gaz. Les conducteurs soumis à ces hautes différences de potentiel laissent échapper de toutes parts des aigrettes lumineuses.

Ces brillantes expériences sont dues à Tesla. Les courants de Tesla ont encore cette particularité de pouvoir traverser impunément l'organisme des animaux : ils auraient même, semble-t-il, certaines vertus curatives.

196. Propagation d'un courant dans une ligne ayant de la capacité. — Nous avons vu comment, en appliquant la loi d'Ohm aux forces électromotrices d'induction, on peut former l'équation du courant électrique. Nous avons comparé le résultat obtenu aux formules qui régissent les machines simples à liaisons complètes. La théorie de Maxwell nous a montré que l'on peut assimiler l'électricité à un fluide incompressible se déplaçant dans un tuyau de section rigide. Mais les choses ne se passent pas toujours aussi simplement. Le cas d'un courant qui se propage dans une ligne *ayant de la capacité* ferait comparer l'électricité à un fluide qui se meut dans un tube élastique, comme les artères des animaux ou un tuyau de caoutchouc.

Supposons une ligne reliant deux stations, formée par deux fils de longueur l, un d'aller et un de retour. Si l'on considère deux éléments parallèles AB et CD de la ligne, appartenant chacun à un des fils (fig. 60), leur ensemble forme un condensateur, et de l'électricité passe incessamment de l'une des armatures sur l'autre.

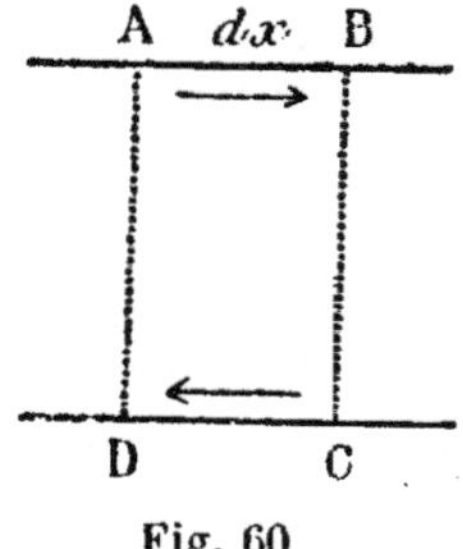

Fig. 60

Appelons λl et ρl le coefficient de self-induction et la résistance de la ligne tout entière. Si les éléments AB et CD sont égaux à dx, la résistance de chacun d'eux aura pour valeur $\frac{1}{2}\rho dx$.

Joignons par la pensée les points B et C, ainsi que les points D et A. Le coefficient de self-induction du circuit idéal ainsi formé sera égal à λdx. On se rappelle que ce coefficient a même valeur numérique que le flux qui traverserait la surface ABCD si les éléments AB et CD étaient parcourus par des courants d'un ampère.

Soient γdx la capacité du condensateur constitué par les deux éléments de lignes, V_1 et I_1, V_2 et I_2 les potentiels et les intensités en A et en D.

Le condensateur aura une charge $q = \gamma (V_1 - V_2)\, dx$. Comme il n'existe pas d'isolant parfait, une certaine quantité d'électricité passera, à travers le diélectrique, de AB en CD. Cette quantité sera égale à la perte de charge du condensateur, et aura pour valeur, par seconde,

$$(1) \qquad -\frac{\partial q}{\partial t} = -\gamma \frac{\partial}{\partial t} (V_1 - V_2)\, dx.$$

Ecrivons l'équation du courant qui parcourt AB. Nous aurons :

$$(2) \qquad -\frac{\partial V_1}{\partial x}\, dx = \frac{\lambda}{2} \frac{\partial I_1}{\partial t}\, dx + \frac{\rho}{2} I_1 dx.$$

L'intensité du courant I_1 varie, de A en B, d'une quantité $dI_1 = \frac{\partial I_1}{\partial x}\, dx$. Cette variation d'intensité est égale à la quantité d'électricité qui passe par seconde de AB en CD à travers le diélectrique.

On a donc :

$$\frac{\partial I_1}{\partial x}\, dx = -\frac{\partial q}{\partial t} = -\gamma \frac{\partial}{\partial t} (V_1 - V_2)\, dx.$$

D'où l'on déduit, en tenant compte des relations (1) et (2) :

$$\frac{\partial^2 V_1}{\partial x^2} = \frac{\gamma\lambda}{2} \frac{\partial^2}{\partial t^2} (V_1 - V_2) + \frac{\gamma\rho}{2} \frac{\partial}{\partial t} (V_1 - V_2).$$

On aura de même :

$$-\frac{\partial^2 V_2}{\partial x^2} = \frac{\gamma\lambda}{2} \frac{\partial^2}{\partial t^2} (V_1 - V_2) + \frac{\gamma\rho}{2} \frac{\partial}{\partial t} (V_1 - V_2),$$

et, en posant $V_1 - V_2 = V$:

$$(3) \qquad \frac{\partial^2 V}{\partial x^2} = \gamma\lambda \frac{\partial^2 V}{\partial t^2} + \gamma\rho \frac{\partial V}{\partial t} \cdot$$

On voit aussi que $\frac{\partial q}{\partial t}$, q, I_1, V_1 et V_2 satisfont à la même équation.

Supposons qu'un régime permanent soit obtenu, et que le potentiel en un point x soit une fonction sinusoïdale du temps, de fréquence $\frac{\alpha}{2\pi}$ (Il existe des dispositifs très simples, que nous ne décrirons point, permettant de faire varier le potentiel suivant la loi indiquée). Vaschy a le premier intégré l'équation (3). On peut vérifier qu'en désignant par l la longueur de la ligne, et en posant :

$$w = \frac{1}{\sqrt{\gamma\lambda}} \sqrt{\frac{2\lambda\alpha}{\lambda\alpha + \sqrt{\rho^2 + \lambda^2\alpha^2}}}$$

et :

$$u = \frac{1}{2}\gamma\rho w,$$

on aura une solution de la forme

$$V = e^{u(l-x)}\left[A \sin\alpha\left(t - \frac{x}{w}\right) + B\cos\alpha\left(t - \frac{x}{w}\right)\right]$$
$$+ e^{-u(l-x)}\left[C\sin\alpha\left(t + \frac{x}{w}\right) + D\cos\alpha\left(t + \frac{x}{w}\right)\right].$$

A, B, C, D sont des constantes dont les valeurs dépendent des conditions imposées aux extrémités de la ligne.

On voit que tout se passe comme s'il se propageait sur la ligne deux ondes périodiques, en sens inverses, s'amortissant graduellement, dont la vitesse de propagation est égale à w.

Cette vitesse, pour de grandes valeurs de la fréquence α, se réduit sensiblement à :

$$w = \frac{1}{\sqrt{\gamma\lambda}}\cdot$$

Ainsi, la vitesse de propagation dépend de la constitution de la ligne.

Les coefficients λ et γ peuvent aisément se calculer ; et l'on trouve que, plus les fils sont éloignés l'un de l'autre, plus la capacité γ diminue, et le produit $\gamma\lambda$ tend vers la limite $\frac{1}{900.10^{18}}$ en unités C. G. S.

On a donc :

$$w = \frac{1}{\sqrt{\gamma\lambda}} = 30 \times 10^9 \text{ cm.},$$

ce qui donne pour la vitesse de propagation des ondes électriques 300.000 kilomètres par seconde. C'est précisément la vitesse de la lumière.

Le calcul qui précède a permis aussi d'obtenir un résultat d'une grande importance pratique. Il résulte des formules qu'il y a tout intérêt à réduire le décrément u, qui croît avec la capacité de la ligne On y parviendra en augmentant artificiellement λ. Ainsi, la self-induction de la ligne tend à diminuer les effets nuisibles de sa capacité.

L'expérience a justifié pleinement les prévisions de la théorie, et il fut démontré que l'introduction de bobines douées d'une grande self-induction dans une ligne téléphonique ayant de la capacité permettait d'accroître la distance à laquelle une conversation pouvait être transmise avec netteté.

CHAPITRE XIV

THÉORIES GÉNÉRALES

§ 1. Théorie de Maxwell. — § 2. Expériences de Hertz. — § 3. Télégraphie sans fil. — § 4. Théorie des électrons.

197. Généralités. — Nous exposons dans ce chapitre quelques-unes des théories générales, qui forment une synthèse de l'ensemble des phénomènes électriques étudiés jusqu'ici : d'abord la théorie de Maxwell, vue profonde sur la nature de l'électricité, dont les résultats ne furent confirmés qu'après la mort de l'illustre physicien ; puis la théorie électromagnétique de la lumière et les ondulations hertziennes ; enfin, la télégraphie sans fil, dont l'importance pratique devient chaque jour plus considérable. Nous terminons par la théorie récente des électrons, qui, tout en expliquant les phénomènes électriques, est aussi une théorie de la matière.

§ 1. — THÉORIE DE MAXWELL

198. — Nous avons parlé, à plusieurs reprises, des idées de Maxwell. La théorie électrostatique et la théorie électrocinétique que nous avons exposées aux nos 155 et 168 ne sont que le développement de sa pensée. Nous avons aussi, au n° 193, exposé la conception qu'il avait des phénomènes d'induction. Nous résumons ici, sous la forme même que Maxwell lui a donnée dans son grand traité, l'ensemble de la théorie.

199. — La plupart des physiciens antérieurs à Maxwell considéraient les actions électriques comme des actions à distance, et comme instantanées.

Le temps et les milieux ne jouaient aucun rôle pour eux : ils considéraient uniquement ce qui se passe dans les conducteurs.

Au contraire, Maxwell a attribué aux diélectriques un rôle prépondérant. Suivant lui, l'électricité est comparable à un fluide incompressible ; c'est-à-dire qu'à chaque instant, il entre dans un espace fermé autant d'électricité qu'il en sort. Dans les conducteurs, les charges électriques peuvent se déplacer librement, et donner naissance à des courants dits *courants de conduction*. Ces courants peuvent être considérés comme le déplacement de corps matériels dans un milieu visqueux. La réaction électrique, fonction de la vitesse, cesse quand le corps s'arrête : l'énergie absorbée se transforme en chaleur. Ainsi, l'énergie des courants est une énergie cinétique, analogue à la force vive.

Au contraire, les charges électriques ne peuvent se déplacer librement dans les diélectriques : si elles s'écartent de leur position d'équilibre, donnant ainsi naissance à ce que Maxwell appelle *déplacement électrique*, elles sont ramenées en arrière par une force dite *élasticité électrique*, qui les empêche de se déplacer longtemps dans le même sens. Le diélectrique est alors assimilable à un ressort bandé qui se détend, et qui oscille avant de reprendre son équilibre.

Suivant Maxwell, tous les courants sont des courants fermés. Dans les circuits ouverts, ils se ferment au travers des diélectriques, en même temps que les charges se modifient à la surface des conducteurs.

L'importance du rôle des diélectriques avait été indiquée par Faraday. Maxwell a développé ces idées, et leur a donné la précision mathématique qui les a rendues fécondes.

200. Relation entre le déplacement et l'intensité électriques. — Maxwell appelle *intensité électrique résultante* ou *intensité électromotrice* en un point, et représente par le vecteur $\mathcal{E}$, la force qui agirait sur un petit corps chargé de l'unité d'électricité positive, s'il était placé en ce point sans troubler la distribution actuelle de l'électricité. Si le corps est un diélectrique, cette force $\mathcal{E}$ déplacera une certaine quantité d'électricité $\mathfrak{D}$ dans la direction de $\mathcal{E}$, à travers l'unité de surface ; et Maxwell a admis que cette quantité $\mathfrak{D}$, dite *déplacement électrique*, était proportionnelle à la force $\mathcal{E}$. On peut donc écrire :

$$\mathfrak{D} = \frac{K}{4\pi} \mathcal{E},$$

en désignant par K une constante que l'on nomme le *pouvoir inducteur spécifique* du diélectrique (1).

201. Courants de conduction. — Les courants qui se propagent à travers les conducteurs obéissent à la loi d'Ohm ; et l'on a, en appelant $\mathcal{K}$ la densité de courant, c la conductibilité du conducteur ou en d'autres termes l'inverse de sa résistance, $\mathcal{E}$ l'intensité électromotrice :

$$\mathcal{K} = c\mathcal{E}.$$

202. Équation du courant vrai. — La vitesse du déplacement en un point a pour expression $\frac{\partial \mathfrak{D}}{\partial t}$. C'est une quantité comparable à la densité de courant $\mathcal{K}$; et Maxwell admet qu'en un point le *courant électrique vrai*, qu'il désigne par le vecteur $\mathcal{C}$, dont dépendent les phénomènes électromagnétiques, résulte à la fois du courant de conduction et du courant de déplacement, et que l'on a l'égalité vectorielle :

$$\mathcal{C} = \mathcal{K} + \frac{\partial \mathfrak{D}}{\partial t},$$

ou bien :

$$\mathcal{C} = c\,\mathcal{E} + \frac{K}{4\pi} \frac{\partial \mathcal{E}}{\partial t} \cdot$$

(1) Si l'on pose $\mathfrak{D} = \frac{q}{d\sigma}$, et $\mathcal{E} = -\frac{dV}{dn}$, on a :

$$q = -\frac{K}{4\pi}\frac{dV}{dn} d\sigma,$$

et l'on voit que l'hypothèse de Maxwell n'est autre que celle de la continuité du flux d'induction (n° 150).

Si l'on appelle P, Q, R les composantes de l'intensité électrique $\mathcal{E}$, et u, v, w celles du courant vrai, que Maxwell nomme aussi *flux d'électricité* ou *flux électrique*, on aura les relations :

$$(1)\qquad \begin{aligned} u &= cP + \frac{K}{4\pi}\frac{\partial P}{\partial t} \\ v &= cQ + \frac{K}{4\pi}\frac{\partial Q}{\partial t} \\ w &= cR + \frac{K}{4\pi}\frac{\partial R}{\partial t}, \end{aligned}$$

203. Aimantation, force et induction magnétiques. — Maxwell considère un aimant comme formé par la réunion d'une infinité de petits aimants. L'intensité d'aimantation d'une molécule est le rapport de son moment magnétique à son volume ; on la représente par un vecteur $\mathcal{J}$, et on lui donne la même direction que l'axe du petit aimant au point considéré. Le champ magnétique en un point, que l'on désigne par le vecteur $\mathcal{H}$, de composantes α, β, γ, est la force qui agirait sur une petite masse magnétique positive prise pour unité et supposée placée en ce point sans troubler la distribution du champ. Ce champ est formé par des aimants ou des courants.

On pourrait définir le champ magnétique à l'intérieur d'un aimant *le champ qui existerait en une petite cavité creusée dans l'aimant*. Mais ce champ dépend de la forme de la cavité. On nomme *induction magnétique* en un point, et l'on représente par le vecteur $\mathcal{B}$, de composantes a_1, b_1, c_1, le champ qui existerait dans une cavité en forme de disque infiniment aplati perpendiculaire à l'aimantation.

Maxwell a admis que l'on a :

$$\mathcal{B} = \mathcal{H} + 4\pi\mathcal{J},$$

et, si l'on nomme $\varkappa$ le coefficient d'aimantation induite ;

$$\mathcal{J} = \varkappa\mathcal{H}.$$

D'où :

$$\mathcal{B} = (1 + 4\pi\varkappa)\,\mathcal{H} = \mu\,\mathcal{H},$$

en désignant par μ le facteur $1 + 4\pi\varkappa$, nommé *perméabilité magnétique*.

On aura donc :

$$(2)\qquad \begin{aligned} a_1 &= \mu\alpha \\ b_1 &= \mu\beta \\ c_1 &= \mu\gamma. \end{aligned}$$

204. Potentiel vecteur de l'induction magnétique. — Le flux d'induction magnétique à travers une surface limitée par une courbe fermée ne dépend que de cette courbe, et non de la forme de la surface. On peut l'exprimer, d'après le théorème de Stockes (n° 188), par l'intégrale de ligne d'un vecteur $\mathcal{A}$, nommé *potentiel vecteur de l'induction magnétique* $\mathcal{B}$; et l'on sait qu'en désignant les composantes de $\mathcal{A}$ par F, G, H, on a, en tenant compte du système (2), les relations :

$$(3)\qquad \begin{aligned} \mu\alpha &= \frac{\partial H}{\partial y} - \frac{\partial G}{\partial z} \\ \mu\beta &= \frac{\partial F}{\partial z} - \frac{\partial H}{\partial x} \\ \mu\gamma &= \frac{\partial G}{\partial x} - \frac{\partial F}{\partial y}. \end{aligned}$$

205. Relations entre le courant vrai et le champ magnétique. Incompressibilité du fluide électrique. — Par un raisonnement analogue à celui que nous avons fait au n° 189, on démontre que l'on a, entre les composantes u, v, w du flux d'électricité et les composantes α, β, γ de l'intensité magnétique, les relations :

$$(4)\qquad \begin{aligned} 4\pi u &= \frac{\partial \gamma}{\partial y} - \frac{\partial \beta}{\partial z} \\ 4\pi v &= \frac{\partial \alpha}{\partial z} - \frac{\partial \gamma}{\partial x} \\ 4\pi w &= \frac{\partial \beta}{\partial x} - \frac{\partial \alpha}{\partial y}. \end{aligned}$$

Le flux d'électricité se réduit à la densité de courant que nous avons considérée au n° 189 si l'on ne tient pas compte du déplacement. Le flux électrique, ou courant vrai, comprend à la fois le courant de déplacement et le courant de conduction.

En différentiant les équations (4) par rapport à x, y, z, et ajoutant les résultats obtenus, on a :

$$\frac{\partial u}{\partial x}+\frac{\partial v}{\partial y}+\frac{\partial w}{\partial z}=0.$$

Cette équation est connue en hydrodynamique. Elle exprime que, si l'électricité est assimilable à un fluide, ce fluide est *incompressible*, et ne peut circuler que dans des *circuits fermés*.

206. Expression de l'intensité électromotrice. — La force électromotrice totale E dans un circuit S a pour expression, d'après le théorème de Stockes :

$$E=-\frac{\partial\varphi}{\partial t}=-\frac{\partial}{\partial t}\int_S \mathcal{A}\cos(\mathcal{A}, ds)\,ds,$$

et, en tenant compte de la formule

$$\cos(\mathcal{A}, ds)=\frac{F\,dx}{\mathcal{A}\,ds}+\frac{G\,dy}{\mathcal{A}\,ds}+\frac{H\,dz}{\mathcal{A}\,ds},$$

il vient :

$$E=-\frac{\partial}{\partial t}\int_S (F dx+G dy+H dz).$$

L'élément intégral, correspondant à l'arc ds du circuit S, a pour expression $-\frac{\partial}{\partial t}\mathcal{A}\cos(\mathcal{A}, ds)\,ds$. Cet élément, par unité d'arc, a donc pour valeur :

$$-\frac{\partial}{\partial t}\mathcal{A}\cos(\mathcal{A}, ds),$$

ou bien :

$$-\frac{\partial}{\partial t}\left(F\frac{dx}{ds}+G\frac{dy}{ds}+H\frac{dz}{ds}\right).$$

Cette grandeur, supposée dirigée suivant l'arc ds, a pour composantes $-\frac{\partial F}{\partial t}$, $-\frac{\partial G}{\partial t}$, $-\frac{\partial H}{\partial t}$; elle se nomme la force électromotrice par unité de longueur.

L'intensité électromotrice, dont les composantes sont P, Q, R, sera due : 1° à la variation du flux φ, 2° aux charges électriques, qui donnent naissance à un potentiel ψ.

On aura donc :

$$(5)\qquad \begin{aligned} P &= -\frac{\partial F}{\partial t} - \frac{\partial \psi}{\partial x} \\ Q &= -\frac{\partial G}{\partial t} - \frac{\partial \psi}{\partial y} \\ R &= -\frac{\partial H}{\partial t} - \frac{\partial \psi}{\partial z} \,. \end{aligned}$$

207. Équations générales du champ électromagnétique. — Posons :

$$J = \frac{\partial F}{\partial x} + \frac{\partial G}{\partial y} + \frac{\partial H}{\partial z} \,,$$

et

$$\Delta_2 = \frac{\partial^2}{\partial x^2} + \frac{\partial^2}{\partial y^2} + \frac{\partial^2}{\partial z^2} \,.$$

Les relations (4) donnent, en tenant compte du système (3) :

$$\begin{aligned} \Delta_2 F - \frac{\partial J}{\partial x} &= -4\pi\mu u \\ \Delta_2 G - \frac{\partial J}{\partial y} &= -4\pi\mu v \\ \Delta_2 H - \frac{\partial J}{\partial z} &= -4\pi\mu w. \end{aligned}$$

Si nous remplaçons u, v, w par leurs valeurs (1) et tenons compte des relations (5), nous aurons, en employant une notation symbolique facile à comprendre :

$$(6)\qquad \begin{aligned} \Delta_2 F - \frac{\partial J}{\partial x} &= \mu\left(4\pi c + K\frac{\partial}{\partial t}\right)\left(\frac{\partial F}{\partial t} + \frac{\partial \psi}{\partial x}\right) \\ \Delta_2 G - \frac{\partial J}{\partial y} &= \mu\left(4\pi c + K\frac{\partial}{\partial t}\right)\left(\frac{\partial G}{\partial t} + \frac{\partial \psi}{\partial y}\right) \\ \Delta_2 H - \frac{\partial J}{\partial z} &= \mu\left(4\pi c + K\frac{\partial}{\partial t}\right)\left(\frac{\partial H}{\partial t} + \frac{\partial \psi}{\partial z}\right). \end{aligned}$$

Ce sont là les fameuses équations de Maxwell, qui serviront de point de départ à plusieurs théories modernes. Nous allons en déduire d'importantes conséquences.

208. Cas d'un champ électromagnétique constant. — Examinons d'abord ce qui se passe dans le cas d'un champ électromagnétique constant. L'intensité électromotrice, de composantes P, Q, R, et la fonction ψ étant constantes, si l'on désigne par F_0, G_0, H_0 trois fonctions des coordonnées indépendantes du temps, l'intégration des équations (5) montre que le potentiel vecteur $\mathfrak{A}$ est fonction linéaire du temps, et que l'on a :

$$(A)\qquad \begin{aligned} F &= F_0 - Pt \\ G &= G_0 - Qt \\ H &= H_0 - Rt. \end{aligned}$$

En portant ces valeurs dans les équations (3), il vient :

$$\mu\alpha = \frac{\partial H_0}{\partial y} - \frac{\partial G_0}{\partial z} - \left(\frac{\partial R}{\partial y} - \frac{\partial Q}{\partial z}\right)t$$
$$\mu\beta = \frac{\partial F_0}{\partial z} - \frac{\partial H_0}{\partial x} - \left(\frac{\partial P}{\partial z} - \frac{\partial R}{\partial x}\right)t$$
$$\mu\gamma = \frac{\partial G_0}{\partial x} - \frac{\partial F_0}{\partial y} - \left(\frac{\partial Q}{\partial x} - \frac{\partial P}{\partial y}\right)t,$$

et, comme α, β, γ sont indépendants du temps, on aura :

$$\frac{\partial R}{\partial y} - \frac{\partial Q}{\partial z} = 0$$
$$\frac{\partial P}{\partial z} - \frac{\partial R}{\partial x} = 0$$
$$\frac{\partial Q}{\partial x} - \frac{\partial P}{\partial y} = 0.$$

Ce sont les trois conditions d'intégrabilité de la différentielle totale

$$P dx + Q dy + R dz = -dV.$$

Donc, dans un champ électromagnétique constant, il y aura un potentiel électrique simplement fonction des coordonnées.

Pour qu'il y ait un potentiel magnétique, il faut que l'expression

$$\alpha dx + \beta dy + \gamma dz$$

soit une différentielle exacte, ce qui exige que l'on ait :

$$\frac{\partial \alpha}{\partial y} - \frac{\partial \beta}{\partial x} = 0$$
$$\frac{\partial \beta}{\partial z} - \frac{\partial \gamma}{\partial y} = 0$$
$$\frac{\partial \gamma}{\partial x} - \frac{\partial \alpha}{\partial z} = 0.$$

Le système (4) montre que, si ces conditions sont satisfaites, on aura

$$u = v = w = 0 ;$$

et, puisque l'on a par hypothèse :

$$\frac{\partial P}{\partial t} = \frac{\partial Q}{\partial t} = \frac{\partial R}{\partial t} = 0,$$

il viendra en vertu des équations (1) :

$$cP = cQ = cR = 0.$$

Donc, il pourra y avoir un potentiel magnétique :

1° En tous les points d'un diélectrique parfait, car on aura $c = 0$.

2° En tout point d'un conducteur qui n'est pas soumis à un champ électrique, car on aura $P = Q = R = 0$.

Remarquons enfin que l'on a :

$$\frac{\partial J}{\partial t} = \frac{\partial}{\partial t}\left(\frac{\partial F}{\partial x} + \frac{\partial G}{\partial y} + \frac{\partial H}{\partial z}\right) ;$$

d'où l'on tire, en tenant compte du système (A) :

$$-\frac{\partial J}{\partial t} = \frac{\partial P}{\partial x} + \frac{\partial Q}{\partial y} + \frac{\partial R}{\partial z} = -\left(\frac{\partial^2 V}{\partial x^2} + \frac{\partial^2 V}{\partial y^2} + \frac{\partial^2 V}{\partial z^2}\right) = 4\pi\varepsilon,$$

ce qui montre, d'après la relation de Poisson (n° 165), que $\frac{\partial J}{\partial t}$ représente, à un facteur constant près, la densité électrique en un point du champ.

209. Propagation des ondes électriques. — Supposons que le milieu soit un diélectrique, et que le potentiel ψ soit indépendant du temps. Les équations (6) du champ électromagnétique deviendront, en tenant compte des conditions $c = 0$ et $\frac{\partial \psi}{\partial t} = 0$:

$$\text{(B)} \qquad \begin{aligned} \Delta_2 F - \frac{\partial J}{\partial x} &= \mu K \frac{\partial^2 F}{\partial t^2} \\ \Delta_2 G - \frac{\partial J}{\partial y} &= \mu K \frac{\partial^2 G}{\partial t^2} \\ \Delta_2 H - \frac{\partial J}{\partial z} &= \mu K \frac{\partial^2 H}{\partial t^2} . \end{aligned}$$

Ces équations peuvent représenter un mouvement uniforme par ondes planes, perpendiculaires à l'axe des x, par exemple, où le potentiel $\mathfrak{A}$ serait indépendant, à un moment quelconque, de y et de z.

On aura, puisque le potentiel vecteur est le même, à chaque instant, en tous les points d'un plan normal à Ox :

$$\text{(C)} \qquad \begin{gathered} \frac{\partial F}{\partial y} = \frac{\partial F}{\partial z} = \frac{\partial G}{\partial y} = \frac{\partial G}{\partial z} = \frac{\partial H}{\partial y} = \frac{\partial H}{\partial z} = 0 \\ J = \frac{\partial F}{\partial x}, \quad \frac{\partial J}{\partial y} = \frac{\partial J}{\partial z} = 0 \\ \Delta_2 F = \frac{\partial^2 F}{\partial x^2} = \frac{\partial J}{\partial x}. \end{gathered}$$

Les équations du champ deviendront :

$$\text{(D)} \qquad \begin{gathered} \frac{\partial^2 F}{\partial t^2} = 0 \\ \frac{\partial^2 G}{\partial x^2} = \mu K \frac{\partial^2 G}{\partial t^2} \\ \frac{\partial^2 H}{\partial x^2} = \mu K \frac{\partial^2 H}{\partial t^2}. \end{gathered}$$

La deuxième et la troisième de ces équations sont les équations de la propagation d'une onde plane (voir le traité d'analyse de MM. Rouché et Lévy, chapitre XVI), et conduisent à la forme bien connue :

$$\begin{gathered} G = g_1(x - Vt) + g_2(x + Vt) \\ H = h_1(x - Vt) + h_2(x + Vt), \end{gathered}$$

où V représente la vitesse de propagation et a pour valeur

$$\frac{1}{\sqrt{\mu K}}.$$

La solution de la première équation est

$$F = A + Bt$$

où A et B sont des fonctions de x. Donc F est constant, ou varie proportionnellement au temps, mais, dans aucun cas n'a part à la propagation de l'onde.

Considérons le mouvement par ondes planes, défini par les équations :

$$G = g_1 (x - Vt)$$
$$H = h_1 (x - Vt).$$

Nous aurons, en supposant le potentiel ψ indépendant de x, y, z :

$$\frac{\partial G}{\partial x} = -\frac{1}{V}\frac{\partial G}{\partial t} = \frac{1}{V} Q$$
$$\frac{\partial H}{\partial x} = -\frac{1}{V}\frac{\partial H}{\partial t} = \frac{1}{V} R.$$

Les équations du système (3) donnent, en tenant compte des équations (C) :

$$\alpha = 0$$
$$\beta = -\frac{1}{\mu V} R$$
$$\gamma = \frac{1}{\mu V} Q.$$

La première de ces relations montre que le champ $\mathcal{H}$ est dans le plan de l'onde. La propagation est transversale, comme pour les ébranlements lumineux. En combinant les deux autres, on obtient :

$$\beta Q + \gamma R = 0,$$
$$\sqrt{\beta^2 + \gamma^2} = \frac{1}{\mu V} \sqrt{R^2 + Q^2} ;$$

ce qui montre que le champ magnétique est perpendiculaire à l'intensité électrique, à laquelle il est proportionnel.

210. Signification de l'expression $V = \frac{1}{\sqrt{\mu K}}$. — Si l'on se place dans le vide ou dans l'air, on a $\mu = 1$. Or, on a défini le déplacement $\mathfrak{D}$ par la relation :

$$\mathfrak{D} = \frac{K}{4\pi} \mathcal{E}.$$

Dans le système électrostatique, la quantité K représente

le rapport d'une quantité d'électricité par unité de surface, à une intensité électrique. C'est donc un nombre.

Dans le système électromagnétique, une quantité d'électricité a pour dimensions $M^{\frac{1}{2}}L^{\frac{1}{2}}$, et par unité de surface, $M^{\frac{1}{2}}L^{-\frac{3}{2}}$. Une force électromotrice a pour dimensions $M^{\frac{1}{2}}L^{\frac{1}{2}}T^{-2}$. Donc K est l'inverse du carré d'une vitesse.

Soit v le rapport de l'unité électromagnétique de quantité d'électricité à l'unité électrostatique.

Dans le système électrostatique, le pouvoir inducteur spécifique est égal à 1, pour l'air et pour le vide. Dans le système électromagnétique, que l'on a adopté dans les équations (6) du champ magnétique, ce pouvoir inducteur sera égal à $\frac{1}{v^2}$. De ces mêmes équations (6), nous avions déduit (n° 208) $V = \frac{1}{\sqrt{K}}$. La quantité K est donc ici égale à $\frac{1}{v^2}$ et l'on aura :

$$V = v.$$

Ainsi, la vitesse V de propagation des ondes électriques dans le vide ou dans l'air est égal au rapport des unités de quantité électromagnétique et électrostatique. Nous savons (n° 133) que ce rapport est une vitesse, et que cette vitesse est précisément égale à celle de la lumière.

211. Théorie électromagnétique de la lumière. — Dans le mouvement par ondes planes que nous avons étudié, les deux vibrations sont transversales, perpendiculaires l'une à l'autre, et se propagent avec la vitesse de la lumière. L'analogie de ces phénomènes électriques avec les phénomènes lumineux est tout à fait frappante. Maxwell a conclu à leur identité.

« Supposer l'existence d'un nouveau fluide chaque fois que l'on aurait à expliquer un phénomène nouveau, serait, dit-il, bien peu philosophique ». Déjà, les physiciens avaient réduit tous les fluides à deux : l'éther lumineux et l'électricité. Maxwell a fait un pas de plus et a expliqué les phénomènes lumineux et les phénomènes électriques en supposant l'existence d'un fluide unique, l'éther. Il a développé les considérations dont nous avons donné un court aperçu, et a retrouvé, en étudiant la propagation des ondes électriques, les formules que Fresnel a données relativement à la lumière polarisée, à la réfraction, à la surface des ondes, etc... Un rayon lumineux, dans cette théorie, n'est autre qu'un courant alternatif à très haute fréquence.

Les premiers essais faits pour vérifier la théorie de Maxwell ont échoué. Il est vrai qu'on n'avait pas encore pu réaliser les conditions où l'on devait se placer. Mais plus tard, les expériences de Hertz et ensuite la découverte de la télégraphie sans fil donnèrent à la théorie une éclatante confirmation.

§ 2. EXPÉRIENCES DE HERTZ

212. Théorie de Hertz. — De la théorie de Maxwell, Hertz a retenu les équations du champ électromagnétique. Sans aucune hypothèse primordiale, il admet que les phénomènes électriques satisfont à deux systèmes d'équations différentielles : *les conséquences que l'on tirera de ces équations serviront à les justifier.*

Si l'on désigne par α, β, γ les composantes du champ magnétique, par F, G, H celles du champ électrique, par p, q, r les composantes du courant de conduction, par μ la perméabilité magnétique et par K le pouvoir inducteur spécifique, on posera *a priori*, dans la théorie de Hertz, les relations :

$$(1) \qquad \begin{aligned} \frac{\partial \mu\alpha}{\partial t} &= \frac{\partial G}{\partial z} - \frac{\partial H}{\partial y} \\ \frac{\partial \mu\beta}{\partial t} &= \frac{\partial H}{\partial x} - \frac{\partial F}{\partial z} \\ \frac{\partial \mu\gamma}{\partial t} &= \frac{\partial F}{\partial y} - \frac{\partial G}{\partial x}, \end{aligned}$$

et les relations :

$$(2)\quad \begin{aligned} \frac{\partial KF}{\partial t} &= \frac{\partial \gamma}{\partial y} - \frac{\partial \beta}{\partial z} - 4\pi p \\ \frac{\partial KG}{\partial t} &= \frac{\partial \alpha}{\partial z} - \frac{\partial \gamma}{\partial x} - 4\pi q \\ \frac{\partial KH}{\partial t} &= \frac{\partial \beta}{\partial x} - \frac{\partial \alpha}{\partial y} - 4\pi r. \end{aligned}$$

Nous ne pousserons pas plus loin l'étude de cette théorie. Nous ajouterons simplement que les conséquences qu'on peut en tirer par le calcul ont été vérifiées plusieurs années après la mort de Maxwell par les expériences de Hertz. Nous allons donner un rapide aperçu de ces expériences.

213. Expériences de Hertz. — Hertz est parvenu à créer des ondes électriques à l'aide de son *excitateur*, et a pu étudier leur propagation en se servant d'un *résonateur*. L'*excitateur*, ou l'*oscillateur*, est un appareil formé de deux sphères égales (fig. 61), que relie une tige conductrice au milieu de laquelle on a ménagé une coupure. Les extrémités de la coupure, armées de deux petites boules, sont en communication avec les pôles d'une forte bobine de Ruhmkorff.

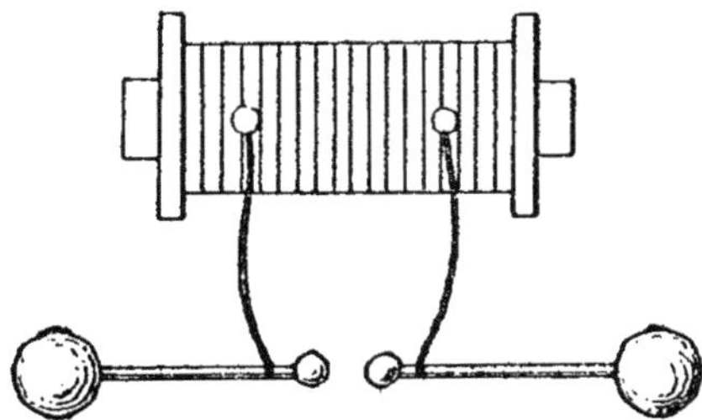

Fig. 61. — Excitateur de Hertz.

Quand la différence de potentiel entre les boules est assez grande, l'excitateur se décharge sur lui-même, et le flux électrique oscille de l'un des conducteurs à l'autre. Alors, il n'existe dans la salle aucun morceau de métal dont on ne puisse tirer des étincelles. Elles jaillissent entre deux pièces de monnaie, entre deux clefs, etc.

Hertz a mis en évidence les ondes électriques qui se propageaient dans toute la salle à l'aide de son *résonateur*. C'est un fil métallique en forme de cercle (fig 62), dont les extrémités se terminent l'une par une boule, l'autre par une pointe mobile, entre lesquelles les ondulations électriques font éclater des étincelles.

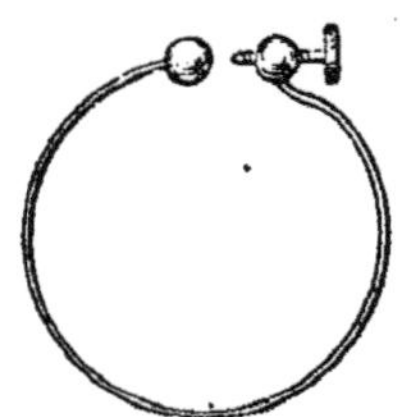

Fig. 62
Résonateur de Hertz.

Hertz a fait réfléchir les ondes sur une plaque de fer, comme se réfléchit la lumière sur un miroir. Il a ainsi, en faisant revenir le rayon électrique sur lui-même, obtenu une série d'ondes stationnaires électriques, semblables aux ondes stationnaires lumineuses, analogues aux nœuds qui séparent les ventres d'une corde en vibration. En promenant tout le long du chemin des ondes son résonateur, il a obtenu des étincelles dont l'intensité croissait et décroissait périodiquement. La distance qui séparait deux étincelles d'intensité maximum faisait connaître la longueur d'onde λ.

On pouvait en déduire la vitesse V de la propagation des ondes à l'aide de la relation $\lambda = VT$, où T désigne la période, égale, comme nous l'avons vu (nº 194), à $2\pi\sqrt{LC}$. En donnant à l'oscillateur de Hertz une forme géométrique simple, on peut calculer son coefficient de self-induction L et sa capacité C. Ces quantités se déterminent aussi expérimentalement.

Avec des résonateurs de tailles différentes, Hertz a mis en évidence des ondes de longueurs différentes, et a montré que les ondulations électriques, comme les faisceaux de lumière blanche, étaient formées par la superposition de plusieurs ondes. Il fallait, pour chaque longueur d'onde, un résonateur spécial, de même qu'en acoustique il faut à chaque note un résonateur approprié.

Poussant plus loin ses expériences, Hertz a obtenu avec les ondulations électriques un grand nombre de phénomènes connus en optique, la réflexion, la réfraction, la polarisation. Il a découvert que le rayon électrique n'est pas arrêté par un corps non conducteur placé sur sa route. En revanche, un écran conducteur en suspend la marche, et jette en quelque orte une ombre en arrière. Un corps conducteur dans une seule direction comme un réseau de fils métalliques tendus parallèlement à de faibles distances les uns des autres, arrête ou laisse passer le rayon électrique suivant son orientation.

Les lois de la réflexion et de la réfraction sont les mêmes pour les rayons électriques que pour les rayons lumineux. La réfraction a été étudiée au moyen d'un grand prisme d'asphalte, dont l'angle d'incidence avait 30°. L'indice de réfraction fut trouvé un peu supérieur à celui qui résulte des mesures optiques.

Ces belles expériences, interrompues par la mort prématurée de Hertz, furent reprises et complétées récemment par plusieurs physiciens, notamment par M. Righi.

Ce savant a pu refaire, avec les rayons électriques, l'expérience du bi-prisme à l'aide d'un bloc de soufre, et produire des franges d'interférence. Il a constaté la diffraction par une fente étroite et vérifié les formules de Fresnel relatives à la réflexion sur les corps transparents et sur les métaux. Il a obtenu des ondes elliptiques et circulaires, la réflexion totale et la polarisation par réfraction au moyen d'une pile de lames de paraffine. Enfin il a découvert la polarisation elliptique, la double réfraction et le dichroïsme du bois.

Ce qui distingue surtout les perturbations électriques des vibrations lumineuses, c'est que la longueur d'onde des premières, que l'on n'a pu abaisser au-dessous de 2,5 millimètres, est encore trop grande pour qu'elles puissent influencer notre rétine. Notre œil lui-même est un résonateur qui nous décèle les ondes lumineuses. Il faut diviser encore par plus de 2.000 la période des vibrations électriques pour qu'elles deviennent visibles.

§ 3. TÉLÉGRAPHIE SANS FIL

214. Principe. — La télégraphie sans fil est la plus belle application que l'on ait faite de la propagation des ondes électriques. Le principe consiste à créer des ondes hertziennes, et à en déceler l'existence. On utilise un dispositif plus puissant que l'excitateur de Hertz pour envoyer les ondes au loin, et un appareil plus sensible que le résonateur pour les enregistrer. Une installation de télégraphie sans fil comprendra un *transmetteur* au poste de départ ; au poste d'arrivée, il y aura un appareil *récepteur*, fondé sur les propriétés curieuses des *radioconducteurs Branly*.

215. Transmetteur. — Le transmetteur est constitué par une forte bobine de Ruhmkorff, reliée à un excitateur de Hertz. Un dispositif spécial permet d'interrompre le courant primaire de façon à obtenir des séries d'étincelles plus ou moins nombreuses. Une des boules de l'excitateur est reliée au sol et l'autre à un mât vertical isolé qui sert de *radiateur*.

216. Radioconducteur Branly. — Le radioconducteur Branly se compose d'un tube de verre assez étroit (fig. 63),

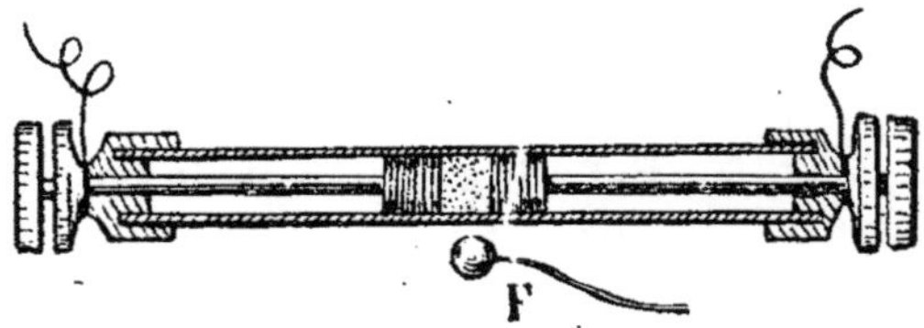

Fig. 63.

qui contient une petite colonne de limaille métallique légèrement pressée entre deux plaques conductrices. Lorsque l'on fait passer un courant entre les deux plaques, la limaille présente une résistance très grande, comme il est facile de le voir en mettant le tube en dérivation dans un circuit contenant une pile et un galvanomètre. Mais, *sous l'influence des ondes hertziennes, la résistance de la limaille diminue considérablement*, et le courant dérivé, dont l'intensité était extrêmement faible, prend aussitôt une valeur notable. La conductibilité de la limaille subsiste encore, une fois que les ondes ont cessé ; mais elle disparaît lorsque le *frappeur* F imprime au tube un léger choc.

Cet appareil est donc capable de déceler la présence d'oscillations électriques, qui permettront à un courant de passer à travers la limaille. On pourra utiliser ce courant pour actionner un télégraphe Morse.

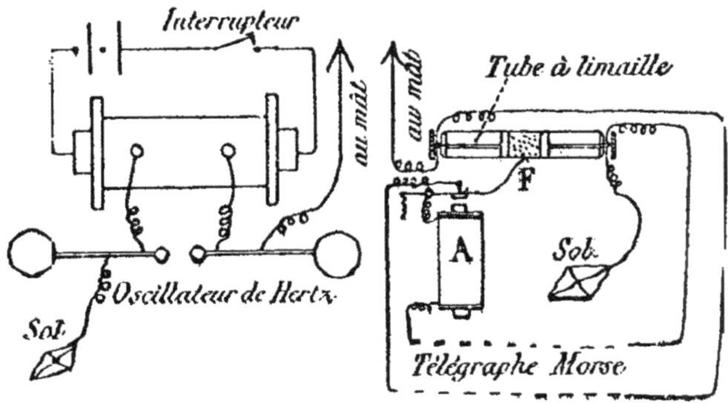

Fig. 64.

La figure 64 représente le schéma d'une intallation de télégraphie sans fil. A gauche du dessin, le poste transmetteur, avec l'oscillateur de Hertz relié à la fois au sol et au mât. A droite, le poste récepteur, avec le tube à limaille et son frappeur F qu'actionne un électro-aimant A ; le tube est relié à la fois au mât, au sol et à un télégraphe Morse.

La télégraphie sans fil a été rendue pratique par MM. Marconi et Popoff.

On conçoit l'importance pratique que peut avoir la transmission à distance d'une certaine quantité d'énergie, si faible soit-elle. Grâce aux travaux de M. Branly, on a, dans ces derniers temps, beaucoup perfectionné ces expériences ; et l'on peut non seulement produire un effet à distance, comme l'allumage d'une lampe ou la mise en marche d'un moteur, mais encore recevoir *automatiquement* une réponse du poste récepteur, qui indiquera si le résultat désiré s'est effectivement produit.

Il est malheureusement facile de perturber les ondes hertziennes à l'aide d'exploseurs à étincelles, qui, en fonctionnant continuellement, s'opposeront à tout effet régulier. L'usage de la télégraphie sans fil sera donc illusoire en temps de guerre. On a pensé qu'en établissant entre les appareils du poste de départ et du poste d'arrivée un accord ou une syntonisation, qui permette au poste d'arrivée de ne répondre qu'au poste de départ à l'exclusion des autres, on pourrait préserver la transmission des ondes. Mais il ne faut voir là qu'un moyen d'augmenter le rayon d'action de la télégraphie et de la télémécanique sans fil. « Car rien n'est plus simple que de construire l'exploseur perturbateur de façon à faire varier d'une façon continue les éléments de l'accord et à le faire passer ainsi par l'accord spécial aux deux postes à intervalles assez rapprochés pour que la préservation sur laquelle on compte soit impossible.

Mais si la télégraphie et la télémécanique sans fil doivent se borner aux applications pacifiques, leur champ d'action sera encore très vaste » (1).

§ 4. THÉORIE DES ÉLECTRONS

217. — Parmi les nombreuses hypothèses que l'on a faites sur la nature de l'électricité, aucune n'est complètement satisfaisante. La plus récente de toutes, la théorie des électrons, cherche à pénétrer la constitution même de la matière : loin d'expliquer les phénomènes par les lois de la mécanique, elle n'envisage plus comme primordiales les notions de masse et de force, mais les fait découler de la dynamique des *électrons*. L'explication universelle des choses doit être cherchée dans l'étude de l'électricité.

Quelle est la valeur de cette théorie ? L'avenir nous le dira. Quoi qu'il en soit, elle jette sur l'ensemble de la physique un jour nouveau : sa hardiesse et ses prétentions la rendront toujours intéressante. Nous allons en donner un rapide aperçu (2).

218. Structure granulaire de l'électricité. — L'électricité serait constituée par des corpuscules extrêmement petits ou *électrons*, qui se meuvent dans un milieu spécial, l'éther. Ce milieu est connu, quand on se donne en chaque point deux vecteurs, le champ électrique et le champ magnétique,

(1) Ed. Branly. Extrait de la *Revue de l'Institut catholique de Paris*.

(2) Dans ce qui suit, nous avons résumé plusieurs passages de l'intéressant rapport présenté par M. Langevin au Congrès international des Sciences et Arts à Saint-Louis.

liés entre eux par les équations de Hertz : ces équations, d'où l'on déduit que toute perturbation du milieu se propage avec la vitesse de la lumière, résument complètement notre connaissance de l'éther, dont il faut renoncer à se faire une représentation matérielle quelconque.

Les phénomènes de condensation de la vapeur d'eau sursaturante par les gaz rendus conducteurs mettent en évidence la structure granulaire de l'électricité. Les charges électriques facilitent la condensation, et chaque gouttelette d'eau se forme autour d'un centre électrisé. En comparant la vitesse de chute d'une goutte d'eau dans un champ électrique vertical à sa vitesse de chute sous l'action de la pesanteur seule, on obtient directement le rapport $\frac{e}{m}$ de la charge e à la masse m d'une goutte ; l'on en déduit la charge e du centre électrisé qui a condensé la gouttelette. Or, on trouve que chacun de ces centres a la même charge, égale à $3,1 \times 10^{-10}$ unités C.G.S.

Sans expérience et par les seuls principes de la thermodynamique, on rend compte de l'influence d'un centre électrisé sur la condensation de la vapeur d'eau, et l'on peut calculer approximativement la charge e. La valeur trouvée par cette théorie diffère peu de celle que donne l'expérience.

M. Lorentz a obtenu un résultat plus surprenant encore en fondant sur le rayonnement intégral, à l'aide du bolomètre, une mesure précise de la charge élémentaire portée par les centres électrisés présents dans les métaux. Ce procédé entièrement nouveau donne pour la charge e la valeur $3,7 \times 10^{-10}$ unités C.G.S.

Il semble donc que l'électricité ait une structure discontinue, et soit constituée par des corpuscules isolés ou électrons, dont il est possible de mesurer la charge absolue. La concordance des résultats trouvés par des méthodes si différentes, tant théoriques que pratiques, est tout à fait frappante. Il est toujours permis d'appeler électrons les centres électriques isolés que l'on a mis en évidence. On a tout lieu de supposer que cette notion correspond à quelque chose de réel.

On distingue les électrons négatifs et positifs, de même que l'on distingue des charges de signes contraires.

219. Inertie et rayonnement. — Dans un mémoire publié en 1881, M. J.-J. Thomson a émis, le premier, semble-t-il, l'idée que l'on pouvait concevoir l'inertie, la masse, non comme une notion fondamentale, mais comme une conséquence des lois de l'électromagnétisme. Tout dépend, d'ailleurs, de la façon dont on définit la masse. Il n'y a aucune raison pour que la masse d'un corps impondérable jouisse des mêmes propriétés que celle d'un corps pondérable, puisqu'il s'agit de deux choses différentes. Il ne faut pas s'étonner non plus, si d'anciens principes, comme celui de l'égalité de l'action et de la réaction ne s'appliquent pas à des corpuscules dont on a imaginé l'existence tout récemment.

Le mouvement du centre électrisé que constitue l'électron implique un changement du champ électrique en tout point fixe par rapport au milieu. Il y a, conformément à l'idée de Maxwell, courant de déplacement, et par suite, production d'un champ magnétique.

Le champ magnétique ainsi produit et le champ électrique qu'emporte l'électron constituent, autour du centre électrisé, une sorte de sillage qui l'accompagne à travers l'éther, sans aucune modification tant que la vitesse reste constante.

Le problème qui se pose, relativement au mouvement des électrons est double. Il s'agit de déterminer :

1° Quelle est la perturbation électromagnétique qui accompagne dans l'éther un déplacement donné d'électrons ;

2° Quel mouvement prendront les électrons, dans un champ électro-magnétique extérieur superposé à celui qui constitue le sillage.

M. Lorentz a donné la solution du premier problème, en s'appuyant sur les expressions des champs électrostatique et électromagnétique que M. Liénard a le premier fait connaître d'une façon complète. Ces expressions comprennent chacune deux parties :

La première dépend uniquement de *la vitesse* de l'électron, et contribue à former le sillage qui accompagne l'électron dans son déplacement: c'est l'*onde de vitesse*, qui existe seule dans le cas du mouvement uniforme et qui donne naissance à un champ électrique, dirigé à chaque instant dans le sens du mouvement.

La seconde partie des expressions des deux champs fait intervenir l'*accélération* de l'électron ; et les directions des deux champs sont perpendiculaires l'une à l'autre. La radiation ainsi produite est l'*onde d'accélération*.

Ainsi, la radiation électromagnétique provient d'un changement dans l'état de mouvement, d'une accélération; et toute accélération se traduit par une émission d'ondes. Mais le caractère de l'onde change, suivant que l'accélération est brusque, discontinue ou périodique.

Dans le premier cas, le rayonnement consiste dans une pulsation brusque : on en trouve une représentation dans les rayons Röntgen.

Au contraire, si l'accélération est périodique, et c'est le cas d'un électron qui gravite autour d'un centre électrisé de signe contraire au sien, la radiation émise est une radiation lumineuse, dont la longueur d'onde est déterminée par la période de révolution de l'électron.

220. Dynamique des électrons. — Pour résoudre le second problème, les lois de la mécanique se sont montrées insuffisantes. Aussi a-t-on renversé la question : au lieu de chercher dans les équations de Lagrange une solution impossible, on est parti des équations du champ électromagnétique, que l'on établit expérimentalement, sans se servir des axiomes de la mécanique ; et, grâce au principe nouveau *de nulle variation*, on a pu déterminer le mouvement des électrons en fonction du champ. Sans doute, il n'y a plus équilibre entre l'action de l'électron et la réaction du champ. Mais qu'importe qu'un principe ne s'applique pas à des choses pour lesquelles il n'a pas été fait ? Si l'on admet, comme nous verrons plus loin, qu'un atome matériel est constitué par un groupement d'électrons des deux signes, on retrouve dans la matière ainsi fabriquée l'inertie que nous lui connaissons ; et, dès lors, les lois de la mécanique rationnelle apparaissent comme une première approximation, cas particulier d'une théorie beaucoup plus générale.

Le principe de nulle variation est une extension, pour le cas d'un champ variable, de propositions établies pour un champ fixe. On démontre aisément que la répartition des charges, dans un système électrisé, se fait toujours de façon que l'énergie électrostatique U_e soit minimum ; un théorème analogue s'établit pour l'énergie magnétique U_m. En raisonnant par analogie, on en déduit que, dans un champ variable, l'intégrale

$$\int (U_e - U_m)\, dt$$

reste stationnaire pour toute modification virtuelle du système.

Ce principe de nulle variation permet de retrouver trois des équations de Hertz quand on admet les trois autres.

Ainsi, en utilisant des considérations purement électromagnétiques, on a pu déterminer le mouvement des électrons. Les équations de ce mouvement contiennent deux sortes de termes :

1° Des termes qui dépendent de l'électron mobile, proportionnels à son accélération avec des coefficients fonction de la vitesse. On appelle ces coefficients *masse longitudinale* et *masse latérale* de l'électron. Pour les faibles vitesses, les deux masses auraient une limite commune.

2° Des termes qui dépendent du champ extérieur, et que l'on appelle *des forces*.

L'expérience semble montrer que les corpuscules cathodiques ne possèdent pas d'autre inertie que celle provenant de leur charge électrique. Il est séduisant d'admettre le même résultat pour la matière tout entière, en la concevant comme constituée par une agglomération d'électrons des deux signes. Cette conception électronique de la matière, où le mot matière devient, partiellement au moins, synonyme d'électricité en mouvement, paraît rendre compte d'un grand nombre de faits.

Dans les particules cathodiques, le rapport $\frac{e}{m}$ de la charge à la masse, a une valeur environ 2.000 fois plus grande que pour l'atome d'hydrogène dans l'électrolyse ; ce qui conduirait, par suite de l'identité des charges électriques, à donner au corpuscule cathodique une masse 2.000 fois plus petite qu'à l'atome d'hydrogène.

Ce résultat est en accord avec l'hypothèse qui considère

l'atome comme formé d'un grand nombre d'électrons des deux signes.

Néanmoins, la théorie électronique de la matière soulève encore bien des difficultés : en particulier, elle ne peut expliquer l'important phénomène de la gravitation.

« Dans l'atome matériel, les électrons en mouvement périodique sont soumis à des accélérations qui s'accompagnent d'énergie rayonnée ; mais ce rayonnement perpétuel est pour l'édifice atomique une cause de décrépitude ; au bout d'un temps plus ou moins long, suivant la structure, un arrangement nouveau et profond devient nécessaire, de même qu'une toupie tombe, quand sa rotation a suffisamment diminué de vitesse.

Une région d'instabilité est atteinte ; le réarrangement consécutif peut s'accompagner de projection violente de certains centres électrisés intérieurs à l'atome. Cette conception fournit au moins une image des phénomènes de radioactivité et des transformations successives de la vie des atomes, dont M. Rutherford a émis l'hypothèse.

On a calculé que le stock d'énergie représenté par le champ électrique et magnétique séparant les électrons contenus dans un atome est suffisamment grand pour alimenter pendant plus de dix millions d'années le dégagement de chaleur que Curie a découvert dans les sels du radium. Comme il paraît établi que la vie d'une molécule de radium est seulement de l'ordre d'un millier d'années, il en résulte que la dix-millième partie seulement de ce stock est utilisée pendant cette période spécialement active de la vie des atomes. Il n'y a donc aucune difficulté à concevoir comment l'énorme dégagement de chaleur du radium peut être emprunté à l'énergie interne » (1).

Sans entrer dans de plus amples développements, ajoutons que la théorie des électrons explique ou cherche à expliquer certains phénomènes dont on n'avait pas encore pu donner de théorie satisfaisante, comme les décharges disruptives, la conductibilité et la polarisation des métaux.

(1) M. Langevin, *loc. cit.*

ERRATA

Page 22, lignes 4 et 7 en remontant, et page 23, ligne 6 en descendant, *au lieu de* : Hds, *lisez* : H_{ds}.

Page 29, ligne 1 en remontant, et page 30, ligne 3 en descendant, *au lieu de* : $H\delta s'$, *lisez* : $H_{\delta s'}$.

Page 31, ligne 9 en descendant et ligne 10 en remontant, *au lieu de* : parallélipipède, *lisez* : parallélépipède.

Page 46, ligne 6 en descendant, *après* : à un fil, *ajoutez* : de soie.

Page 47, ligne 13 en remontant, *après* : sphères conductrices, *ajoutez* : portées par un manche isolant.

Page 54, ligne 18 en descendant, *au lieu de* : pour une même distance $M_1 M_2$, *lisez* : pour une même valeur de $M_1M_2 \cos(f, M_1M_2)$.

Page 78, ligne 12 en remontant, *au lieu de* : l'angle 2π, *lisez* : l'angle π.

Page 78, ligne 2 en remontant, *au lieu de* : égal à $2n\pi$, *lisez* ; égal à $n\pi$, en supposant n égal à 1 ou à $\frac{1}{2}$.

Page 79, ligne 2 en descendant, *au lieu de* ; dans un tour, *lisez* : dans un demi-tour, et *au lieu de* ; dans n tours, *lisez* : dans n demi-tour.

Page 79, ligne 9 en remontant, *au lieu de* ; n rotations, *lisez* : n demi-tour.

TABLE DES MATIÈRES

PREMIÈRE PARTIE

LOIS ET EXPÉRIENCES

CHAPITRE PREMIER. — COURANTS ÉLECTRIQUES

§ 1. — ÉNERGIE

§ 2. — COURANTS ÉLECTRIQUES

§ 3. — FORCE ÉLECTROMOTRICE

§ 4. — LOIS DE KIRCHHOFF

CHAPITRE II. — PHÉNOMÈNES THERMOÉLECTRIQUES

CHAPITRE III. — ÉLECTROMAGNÉTISME

Pages

§ 6. — RÉSUMÉ ET APPLICATIONS

CHAPITRE IV. — INDUCTION

§ 1. — COURANTS D'INDUCTION

§ 2. — SELF-INDUCTION

§ 3. — FORCE ÉLECTROMOTRICE D'INDUCTION TOTALE

§ 4. — RÉSUMÉ ET APPLICATIONS

CHAPITRE V. — MAGNÉTISME

§ 1. — MAGNÉTISME ET INDUCTION MAGNÉTIQUE

§ 2. — HYSTÉRÉSIS

§. 3. — RÉSUMÉ ET APPLICATIONS

Pages

CHAPITRE VI. — ÉLECTROSTATIQUE

§ 1. — CHARGE ÉLECTRIQUE

§ 2. — ÉNERGIE DES SYSTÈMES ÉLECTRISÉS

§ 3. — CHAMP ÉLECTRIQUE ET POTENTIEL

§ 4. — CONDENSATEURS

§ 5. — DIÉLECTRIQUES

CHAPITRE VII. — MESURES

Pages

DEUXIÈME PARTIE

HYPOTHÈSES ET THÉORIES

CHAPITRE IX. — THÉORIE MATHÉMATIQUE DE L'ÉLECTROSTATIQUE

§ 1. POTENTIEL

§ 2. FLUX D'INDUCTION

§ 3. APPLICATIONS

Pages

CHAPITRE X. — COMPARAISONS ET HYPOTHÈSES

§ 1. — ANALOGIES HYDRAULIQUES

§ 2. — ANALOGIES CALORIFIQUES

§ 3. — ANALOGIE DES TUBES D'INDUCTION ET DES FILETS TOURBILLONS

§ 4. — THÉORIE ÉLECTROCINÉTIQUE

CHAPITRE XI. — COURANTS ALTERNATIFS

§ 1. — COURANTS ALTERNATIFS

§ 2. — COURANTS SINUSOIDAUX

§ 3. — TRANSFORMATEURS

CHAPITRE XII. — THÉORIE MATHÉMATIQUE DE L'ÉLECTROMAGNÉTISME

§ 2. — EXPÉRIENCES DE HERTZ

§ 3. — TÉLÉGRAPHIE SANS FIL

§ 4. — THÉORIE DES ÉLECTRONS

LAVAL. — IMPRIMERIE L. BARNÉOUD & Cie.

ENCYCLOPÉDIE DES TRAVAUX PUBLICS (*suite*)

OUVRAGES DE PROFESSEURS A L'ÉCOLE NATIONALE SUPÉRIEURE DES MINES

M. AGUILLON. *Législation des mines, française et étrangère.* 40 fr. On vend séparément :
— La *Législation en France, dans les colonies et protectorats*, 2e édition (très augmentée), 1 très fort volume (1.011 pages) . . . . 25 fr.
— Les *Législations étrangères*. . . . . 15 fr.
M. PELLETAN. *Lever des plans et nivellement souterrains* (Voir ci-dessus : *Durand-Claye*).
M. CHESNEAU. *Lois générales de la Chimie.* 1 vol. avec 37 figures. . . . . . 7 fr. 50
MM. VICAIRE et MAISON. *Cours de Chemins de fer de l'Ecole des Mines*; 582 p., 493 fig. 20 fr.

OUVRAGE D'UN PROFESSEUR A L'ÉCOLE NATIONALE FORESTIÈRE

M. THIÉRY. *Restauration des montagnes*, avec une *Introduction* par M. LECHALAS père. Vol. de 442 pages, avec 173 figures. . . . . 15 fr.

OUVRAGES DE DIVERS AUTEURS

M. EMILE BOURRY, ingénieur des Arts et Manufactures, *Traité des Industries céramiques*, 1 vol. Voir *Encyclopédie industrielle*. Cet ouvrage, devenu classique en France, a été traduit en anglais. . . . . 20 fr.
M. CHARPENTIER DE COSSIGNY, ingénieur civil des mines, lauréat de la Société des agriculteurs de France. *Hydraulique agricole*. 2e édit., 1 vol., avec 160 figures . . 15 fr.
M. DEGRAND, inspecteur général honoraire des ponts et chaussées. *Ponts en maçonnerie* (Voir ci-dessus : *J. Résal*).
M. DONIOL, inspecteur général des ponts et chaussées en retraite. *Réglementation des chemins de fer d'intérêt local, des tramways et des automobiles* 1 vol. avec figures. 10 fr.
— *Complément à l'ouvrage ci-dessus* . . . . 3 fr.
M. le Dr DUCHESNE, ancien président de la Société de médecine pratique. *Hygiène générale et Hygiène industrielle*, ouvrage rédigé conformément au programme du *Cours d'hygiène industrielle* de l'Ecole centrale. 1 vol. de 740 pages, avec figures . . 15 fr.
M. HENRY (Ernest), inspecteur général des ponts et chaussées. *Théorie et pratique du mouvement des terres, d'après le procédé Bruckner*, 1 vol., 2 fr. 50. — *Ponts métalliques à travées indépendantes : formules, barêmes et tableaux*. 1 vol. de 639 pages, avec 267 figures, 20 fr. — *Traité pratique des chemins vicinaux*, volume de près de 800 pages. . 20 fr.
M. Maurice KOECHLIN, ingénieur. *Applications de la statique graphique*. 1 vol., avec 311 figures et 1 atlas de 34 planches, seconde édition, revue et très augmentée, 30 fr. — *Recueil de types de ponts pour routes*. 1 vol. de 306 pages et un atlas. . . . 25 fr.
M. LALLEMAND, ingénieur en chef des mines. *Nivellement de précision* (Voir ci-dessus *Durand-Claye*).
M. LAVOINNE. *La Seine maritime et son estuaire*, 1 vol., avec 49 figures. . . . 10 fr.
M. LECHALAS père, inspecteur général des ponts et chaussées. *Hydraulique fluviale*. 1 vol., avec 78 figures. 17 fr. 50. — *Des conditions générales d'établissement des ouvrages dans les vallées* (Voir ci-dessus : *J. Résal et Degrand*; c'est l'introduction à leur *Traité des Ponts en maçonnerie*).
M. LECHALAS fils, ingénieur en chef des ponts et chaussées. *Manuel de droit administratif*. Tome I, 20 fr.; tome II, 1re partie, 10 fr.; tome II, 2e partie . . . . . 10 fr.
M. LÉVY-LAMBERT, ingénieur civil, inspecteur de l'exploitation à la Compagnie du Nord. *Chemins de fer à crémaillère*. 1 vol., avec 79 figures. 15 fr. — *Chemins de fer funiculaires, Transports aériens*. 1 vol., avec 150 figures . . . . 15 fr.
M. LEYGUE, ancien ingénieur auxiliaire des travaux de l'État, agent-voyer en chef de la province d'Oran. *Chemins de fer. Notions générales et économiques*. 1 vol. de 617 pages, avec figures . . . . 15 fr.
M. E. PONTZEN, ingénieur civil (l'un des auteurs de *Les chemins de fer en Amérique*) : *Procédés généraux de construction ; Terrassements, tunnels, dragages et dérochements*. 1 vol. de 572 pages, avec 234 figures (médaille d'or à l'Exposition de 1900). . 25 fr.
M. TARBÉ DE SAINT-HARDOUIN, inspecteur général des ponts et chaussées, ancien directeur de l'École de ce corps. *Notices biographiques sur les ingénieurs des ponts et chaussées*, un vol. . . . . 5 fr.

Chaque ouvrage se vend séparément (et aussi chaque volume des ouvrages qui en comprennent plusieurs). Il n'y a pas de numérotage général des volumes formant la collection.

Les ouvrages entrant dans les *Encyclopédies des Travaux publics et Industrielle* sont en vente chez Ch. Béranger et chez Gauthier-Villars.

ENCYCLOPÉDIE INDUSTRIELLE

Vol. grand in-8°, avec de nombreuses figures

Exploitation technique des Chemins de fer, par A. Schœller et A. Fleurquin, 1 vol. de 408 pag. avec 109 fig. . 12 fr.

Calcul infinitésimal à l'usage des Ingénieurs, par E. Rouché et L. Lévy, 2 vol. de 557 et 829 p. Chaq. vol. . . 15 fr.

Cours de géométrie descriptive de l'Ecole centrale, par C. Brisse, prof. de ce cours, et H. Picquet, 478 pag. avec 300 fig . . . . 17 fr. 50

Construction pratique des navires de guerre, par A. Croneau, 2 vol. (996 pag. et 661 figures) et 1 bel atlas double in-4° de 11 pl., dont 2 en 3 coul . . 33 fr.

Verre et verrerie, par Léon Appert, et J. Henrivaux, 460 p. 130 f. et 1 atlas 20 fr.

Blanchiment et apprêts; teinture et impression, matières colorantes, 1 vol. de 674 p., avec 368 fig. et échantillons de tissus imprimés, par Guignet, Dommer et Grandmougin (de Mulhouse) . . 30 fr.

Éléments et organes des machines, par A. Gouilly, 1 vol. de 410 pages, avec 710 figures . . . . 12 fr.

Les associations ouvrières et les associations patronales, par Hubert-Valleroux, avocat. 1 vol. de 361 pages 10 fr.

Traité pratique des ch. de fer (intér. local) **et des Tramways**, par P. Guédon. 11 fr.

Traité des Industries céramiques, par Emile Bourry, 1 vol. de 755 pages avec 349 fig. ou groupes de fig. et une planche (Cet ouv. a été traduit en angl.). 20 fr.

Le vin et l'eau-de-vie de vin, par Henri de Lapparent, insp. gén. de l'agriculture. 1 vol. de 545 p., 110 fig. et 28 cartes 12 fr.

Métallurgie générale, par Le Verrier :

Procédés de chauffage, 1 vol. de 370 pages avec 171 figures . . . . 12 fr.

Procédés métallurgiques et étude des métaux, 1 vol. de 403 p. avec 138 fig. et 10 planches . . . . . . 12 fr.

La Betterave agricole et industrielle, par Geschwind et Sellier, 1 vol. avec 129 figures (méd. d'arg. soc. nat. d'agr. et méd. d'or des agric. de France). . . 20 fr.

Cours de chemins de fer de l'Ecole des Mines, par Vicaire et Maison, 582 p. avec 493 fig . . . . 20 fr.

Chimie organique appliquée, par A. Joannis, professeur à la Faculté des Sc. de Paris. 1406 p. en 2 vol . . . 35 fr.

Traité des machines à vapeur, à gaz, à pétrole et à air chaud, par Alheilig et Roche. 2 vol., 1176 p., 693 fig. 38 fr.

Chemins de fer. Superstructure, par E. Deharme (Voir: *Encyc. des Travaux publics*).

Chemins de fer: Résistance des trains. Traction par E. Deharme et A. Pulin, ingénieur de la Cie du Nord, 447 p., 95 f. et 1 planche . . . . 15 fr.

Chaudières de locomotives, par les mêmes, 130 fig. et 2 pl. . . . . 15 fr.

Locomotives: *Mécanisme, Châssis, Types de machines*. 1 fort vol. avec un bel atlas de 18 pl. double in-4°, par les mêmes. 25 fr.

Electricité industrielle, 2e éd., v. de 826 p., 404 fig. (C. de M. Monnier à l'Ec. Cent.) 25 fr.

Machines frigorifiques, par Lorenz, professeur à la faculté de Halle; traduction de Petit et Jaquet. 195 p., 131 fig. 7 fr.

Industries du sulfate d'aluminium, des aluns et des sulfates de fer, par L. Geschwind. 372 p. avec 195 fig. Traduit en anglais . . . . 10 fr.

Accidents du travail et assurances contre ces accidents, par G. Fäolde (Méd. d'arg. Exp. 1900), 1 vol. de 646 p. 7 fr. 50

Traité des fours à gaz à chaleur régénérée, par Told (trad. Dommer), 392 pages. 68 fig. . . . . 11 fr.

Résistance des matériaux et Eléments de la théorie mathématique de l'élasticité, par A. Föppl, trad. de E. Hann, 489 p., 75 fig. . . . . 15 fr.

Industries photographiques, par le Professeur Fabre. 662 p., 183 fig. 18 fr.

La Tannerie, par Meunier, Vaney et Vignon (650 p., 98 fig.) . . . . 20 fr.

Industrie des cyanures, par Robine et Lenglen . . . . 15 fr.

Traité des essais de matériaux, par A. Martens, traduction de P. Breuil, 1 vol. de texte de 671 pages avec 558 fig. et un atlas de 31 grandes planches. 50 fr.

L'Energie hydraulique et les Récepteurs hydrauliques, par U. Masoni, 1 vol. de 320 p. avec 207 fig . . 10 fr.

Le Bois, par J. Beauverie, 2 fascicules de XI-1402 pages avec 485 figures (méd. d'or de la soc. nat. d'agric.) . . . 20 fr.

Etude expérimentale du Ciment armé, par R. Féret, 786 pag. avec 196 fig. 20 fr.

P. C. N.

Chimie élémentaire, 3e édition, un vol. relié, par M. A. Joannis, professeur à la Faculté des Sciences de Paris (P. C. N.) . . . . 10 fr.

Physique élémentaire, par MM. Chevassus et Thovert, préparateurs à la Faculté des sciences de Lyon. Fascicules brochés ;

Premier fascicule. — Mécanique et propriétés générales de la matière. Acoustique. 2 fr.

Deuxième fascicule — Chaleur. Optique . . . . 3 fr.

Troisième fascicule. — Magnétisme, Electricité, Radiations. — Météorologie. . 3 fr.

Ensemble ; un vol. relié. . . . . 8 fr.

Manipulations de physique générale, par MM. Vaillant et Thovert, chef de travaux et préparateur à la Faculté des sciences de Lyon . . . . . . 3 fr.

Manipulations d'Electricité industrielle, par les mêmes. . . . . 3 fr.

Sciences naturelles, par MM. Faucheron et Conte, préparateur et chef de travaux à la Faculté des sciences de Lyon ;

Botanique, trois fascicules à 2 fr. et 3 fr. ; un vol. relié. . . . . . 8 fr.

Zoologie, un volume . . . . 5 fr.

LAVAL. — IMPRIMERIE PARISIENNE, L. BARNÉOUD ET Cie.

www.ingramcontent.com/pod-product-compliance
Ingram Content Group UK Ltd.
Pitfield, Milton Keynes, MK11 3LW, UK
UKHW012214240726
13966UKWH00002B/744

9 782013 480857